께!

요리에 숨은 화학 반응을 찾아라!

글 김승태 | 그림 유영근

요리에 숨은 화학 반응을 찾아라!

㈜자음과모음

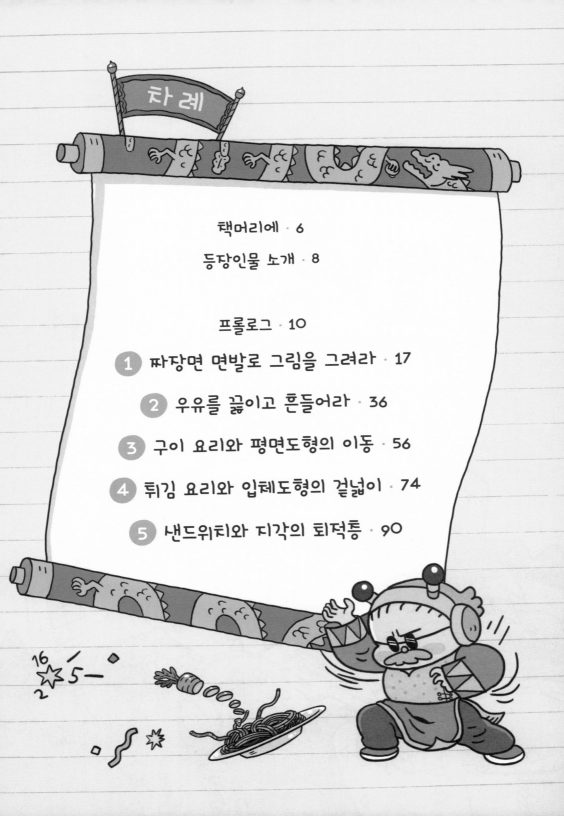

차례

책머리에

　수학은 일상생활에 필요하지 않다? 천만에 말씀이지요. 공기가 눈에 보이지 않는다고 우리가 숨을 쉬지 않는 게 아니듯이 수학과 과학은 우리에게 직접 보이지 않을 때가 많지요. 그래서 학자들은 수학과 과학을 '기초과학'이라고 말합니다.

　요리에도 수학과 과학의 원리가 양념처럼 버무려져 있습니다. 그런 수학과 과학을 우리가 좋아하는 요리의 과정에서 숨겨진 양념을 찾듯이 하나하나 찾아볼 수 있도록 이 책을 구성했습니다.

　많은 교과서와 수학 책을 보며 어떻게 하면 여러분에게 수학과 과학을 흥미롭게 알려줄 수 있을까 고민했습니다. 그에 대한 확실한 해답을 이 책에 담았습니다.

맛달이와 요달 스승이 펼치는 요리 대결을 따라가다 보면 어느새 수학과 과학이 듬뿍 배어 있는 맛있는 요리를 한 그릇 뚝딱 하게 될 것입니다.

요리를 한 그릇 한 그릇 비울 때마다 여러분의 몸속에 좋은 영양분이 쌓이듯 수학과 과학이 자연스럽게 쌓일 것입니다.

이 책을 열심히 읽다 보면 수학과 과학을 일상생활에서 찾을 수 있는 작은 힘이 길러질 것이라고 믿습니다.

김승태

맛달이

다가오는 세계 과학요리 대회에 나가기 위해
요리 수련을 시작한다. 수학을 어려워하지만
과학요리를 배우면서 수학과 과학의 세계에 푹
빠진다. 청년이 되어서는 전 세계로 요리 여행
을 떠난다.

요달 스승

때로는 무섭게 호통치고, 때로는 썰렁한 농담
을 하는 과학요리 달인. 맛달이를 세계 최고의
요리사로 성장시키기 위해 갖은 모험을 마다
하지 않는다.

우 사장

수타면의 달인이자
요달 스승의 친구

할머니

엄격하고 무서운
구이 요리 전문가

막내

튀김 요리를
연구하고 있는
요달 스승의 제자

빌리

샌드위치를 공부한
요달 스승의 친구

까나리

장난기가 가득한
요달 스승의 손녀

잭슨

볶음 요리를 잘하는
요달 스승의 친구

프롤로그

따뜻한 날씨다.

바다 해조류인 김을 말리기에 적당한 날이었다. 맛달이의 과학요리 스승인 요달은 정사각형 모양으로 틀을 잡아 김을 말렸다. **정사각형은 네 개의 변이 모두 길이가 같고, 네 개의 각이 모두 90도로 같은 사각형을 말한다.** 김을 정사각형 모양으로 만드는 것은 김 표면에 햇볕을 골고루 받기에 좋고, 자를 때 크기를 맞추기도 편하기 때문이다. 사각형 가운데 똑같은 둘레의 길이로 가장 넓은 크기를 만들 수 있어 정사각형 틀을 많이 쓴다.

요달 스승이 김을 말리는 동안 맛달이는 폭포 아래에서 눈을 감고 차가운 물을 맞으며 수련을 하고 있었다. 온몸이 짜릿짜릿. 맛달이

요리에 숨은 화학 반응을 찾아라!

가 이렇게 차가운 폭포에서 수련을 하는 것은 다가오는 세계 과학
요리 대회에 나가기 위해서다.

　정사각형 김이 적당히 마르자 요달 스승이 맛달이를 불렀다.

　"맛달아, 이제 준비가 다 되었으니 이리로 나오거라."

　"예, 스승님."

　맛달이는 스승의 말씀에 따라 폭포에서 나왔다.

　"맛달아, 오늘 우리가 수련할 과학요리는 김밥이니라."

　"예, 스승님."

요달 스승은 도마 위에 당근과 노란 무를 준비해 두었다.

"맛달아, 이제부터 내가 당근 채 썰기 과학을 보여 주겠다."

요달 스승은 당근을 젓가락처럼 가늘게 채 썰기 시작했다. 한 개의 당근이 여러 개의 분수로 나누어지듯이 착착 썰려 나갔다.

"당근 하나를 1이라고 두고 그것을 10개의 조각으로 채 썰 때 이를 수학으로 표현해 보거라, 맛달아."

"네, 스승님. 채썰기 하나의 양은, 분모에 10을 두고, 분자에 1을 둔 분수인 $\frac{1}{10}$로 표현할 수 있습니다."

"그래. 분수는 항상 나누기의 날개를 감추고 있지."

$$1 = \frac{1}{10} + \frac{1}{10} + \frac{1}{10} + \frac{1}{10} + \frac{1}{10} + \frac{1}{10} + \frac{1}{10} + \frac{1}{10} + \frac{1}{10} + \frac{1}{10} = \frac{10}{10} = 1$$

"맛달아, 이제 과학 이야기를 좀 해 주마."

"김밥을 만드는 데 웬 과학인가요. 그것도 당근에서 과학이?"

"채썰기를 하는 이유도 바로 과학을 배우기 위함이란다."

"김밥에 넣을 당근을 익힐 때 통째로 물에 익히면 시간이 오래 걸리지. 이렇게 채썰기를 해서 익히면 당근의 ⭐표면적이 넓어져서 물질의 반응속도가 빨라진단다."

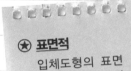

⭐ **표면적**
입체도형의 표면 전체의 넓이로 겉넓이라고도 한다.

"물질의 반응속도요?"

"응, 어렵게 생각하지 말고 작게 자를수록 빨리 익는 원리를 떠올리면 된단다. 과학은 어려운 개념만 있는 게 아니야. 끓는 물에 닿는 곳이 많으면 빨리 익는 진짜 과학!"

그때 원기둥같이 생긴 밥솥에서 김이 올라오기 시작했다. 김이 올라오는 것을 본 요달 스승이 말했다.

"밥솥에 있는 물이 기화되었구나."

"기화요?"

"밥솥에 있던 액체인 물이 열을 받아, 기체인 수증기로 바뀌는 현상이 기화란다."

요달 스승이 밥솥을 열었다. 드디어 요달 스승과 맛달이는 김밥을 만들 준비를 마쳤다. 요달 스승이 김 한 장을 깨끗하고 납작한 돌바닥에 깔았다.

"맛달아, 너 원기둥의 전개도를 본 적이 있느냐?"

"네, 그럼요! 여러 번 있습니다."

"그럼, 그 모습을 떠올려 보아라."

맛달이는 원기둥의 전개도를 떠올렸다.

"원기둥의 밑면 두 개를 떼어 내면 원기둥의 전개도에서 뭐가 남을까?"

요달 스승이 바위 위에 깔아 둔 김을 가리켰다.

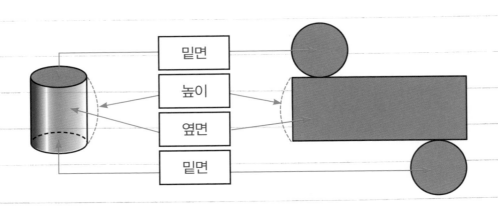

요리에 숨은 화학 반응을 찾아라!

"저 바위 위의 김을 닮은 사각형입니다."

"하하하. 역시 나의 제자구나. 원기둥 전개도의 옆면은 언제나 사각형이란다."

요달 스승과 맛달이는 김 위에 밥을 펼치고 당근, 단무지, 시금치, 햄 등을 넣고 김밥을 말기 시작했다.

요달 스승이 첫 번째로 완성한 김밥을 맛달이에게 건네주며 먹어 보라고 했다.

"맛이 어떠냐?"

"맛이 기가 막힙니다."

"야, 이 녀석아. 내 제자라는 녀석의 말솜씨가 고작 그 정도냐. 네가 들고 있는 김밥을 보고 다시 말해 보아라."

맛달이가 뭔가를 생각하다 입을 열었다.

"네, 스승님. 입체도형인 원기둥의 맛이 황홀합니다."

"그래. 그 정도는 표현할 줄 알아야 내 제자라는 소리를 듣지. 김밥을 말면 원기둥 맛이 나지. 하하하."

요달 스승과 맛달이는 김밥을 말기가 무섭게 먹어 치우며 원기둥의 맛을 음미했다.

요리에 숨은 화학 반응을 찾아라!

1 짜장면 면발로
그림을 그려라

맛달이와 요달 스승은 배달용 오토바이를 타고 인천으로 가고 있다. 타고 있는 오토바이는 스승의 친구가 운영하는 북경반점에서 빌린 것이다.

드디어 인천에 도착했다. 요달 스승이 맛달이에게 물었다.

"맛달아. 너는 짜장면을 몇 년 동안 먹어 보았느냐?"

"제 나이가 열세 살이고 제 기억으로는 다섯 살 때 검은 국수인 짜장면을 접했으니 아마도 8년은 된 것 같습니다."

"그렇구나. 나는 짜장면을 내 혀를 통해 위장과의 만남을 이루게 한 게 아마도 50년은 넘는 것 같구나. 하하하."

요달 스승은 쉬운 말을 어렵게 하는 버릇이 있다. 그냥 짜장면을 먹은 지 50년이 되었다고 말하면 알아듣기 쉬울 텐데.

맛달이는 잘게 썬 고기와 채소가 어우러진 까만색 소스를 매끈하고 쫄깃한 면에 비벼 먹는 짜장면을 떠올렸다.

맛달이가 짜장면 생각을 떨치며 요달 스승에게 물었다.

"스승님, 우리가 왜 인천에 온 거지요?"

"음, 그건 말이지. 이곳이 짜장면의 탄생지이기 때문이지."

"짜장면의 탄생지가 인천이라구요?"

"그래. 이곳 인천 공화춘이라고 하는 곳에서 처음으로 짜장면을 팔기 시작했어. 그때가 1905년이었지."

"우와! 엄청 옛날이었네요."

"그래, 공화춘은 중국 산동 출신인 우희광이라는 사람이 세웠어. 지금 우리가 갈 곳도 바로 그 집이란다."

"우와, 진짜요?"

인천 '차이나타운'에 자리 잡은 공화춘은 짜장면을 파는 음식점이다. 1905년 당시에는 청나라 사람들이 운영하던 음식점이란 뜻에서 '청요릿집'으로 불리기도 했다. 1883년에 개항한 인천에는 곧 차이나타운이 만들어지고 청인(중국인)이 거주하게 되었는데 1920년부터 항구를 통한 무역이 성행하면서 중국 무역상을 대상으로 한 중국 음식점이 생겨났다.

중국의 대중 음식을 처음 접했던 우리 서민들은 신기한 맛과 저렴

요리에 숨은 화학 반응을 찾아라!

한 가격에 놀랐었다. 청인들은 청요리가 인기를 끌자 부두 근로자
들을 상대로 싸고 손쉽게 먹을 수 있는 음식을 생각하게 되었는데
이렇게 해서 만든 것이 볶은 춘장에 국수를 비벼 먹는 짜장면이
었다. 짜장면이란 이름으로 음식을 팔기 시작한 곳은
1905년 개업한 공화춘으로 알려져 있다. 지
금은 당시 화려했던 옛 건물의 자취
만 남아 있지만 일제 강점기부터
청요리로 크게 이름을 날리던 곳

1. 짜장면 면발로 그림을 그려라

이다. 당시 공화춘은 한일 양국의 상류계층이 출입하던 고급 요릿집이었다.

　요달 스승이 공화춘 문을 열어젖히며 큰 소리로 말했다.

　"어이, 우 사장 있나."

　"누군데. 반말로 나를 찾아?"

　수염을 멋지게 기른 주방장이 나타났다. 아마 우 사장인 모양이다.

　"나야."

　요달 스승이 살며시 웃자 우 사장 역시 아주 반가운 표정으로 요달 스승을 맞았다.

　"아이구, 자네 어쩐 일인가. 정말 오래간만이야. 연락도 없이."

　"일단 배가 고프니 내 제자와 나를 위해 짜장면 두 그릇만 주시게."

　"당연히 그래야지."

　우 사장은 바로 주방으로 들어가서 탕탕 소리를 내며 밀가루 반죽으로 수타 짜장면을 만들기 시작했다.

　"우 사장은 기계를 사용하지 않고 직접 수타 짜장면을 만들어. 맛달아, 진정한 짜장면의 맛을 느껴 보아라."

　짜장면을 만드는 동안 단무지가 먼저 나왔다. 식탁이 기울어서 그런지 단무지 그릇이 식탁 위를 미끄러졌다. 맛달이가 가운데로 가져다 놓아도 다시 미끄러졌다.

　맛달이가 이상하게 여기며 식탁 아래를 보았다.

요리에 숨은 화학 반응을 찾아라!

"스승님, 식탁 다리가 세 개로 중심을 잘 잡고 있는데 왜 식탁이 기울까요?"

요달 스승이 씨익 웃으며 주방을 향해 한소리했다.

"야, 이 친구야. 요즘 수학 공부 안 하나? 식탁이 왜 이 모양이야."

"스승님, 식탁과 수학이 무슨 관계입니까?"

"관계가 있지. 단지 너의 수준을 고려해서 어려운 수학 용어는 쓰지 않고 수학을 이용하여 식탁을 평평하게 만들어 주마."

맛달이는 식탁을 고치려면 톱과 못이 필요할 거라 생각했는데 수학을 이용해 식탁을 고친다는 말이 이해가 되지 않았다.

"맛달아. 이 그림을 잘 보아라."

요달 스승은 단무지와 함께 나온 까만 춘장을 이용하여 식탁 위에 다음과 같이 그림을 그렸다.

"맛달아, 점 A와 점 B 사이에 직선을 그을 때 점 A와 점 B를 연결한 곡선을 만나지 않게 그을 수 있을 것 같으냐?"

"아무리 생각해도 그건 힘들 것 같아요."

"당연하지. 적어도 한 점에서는 반드시 만나게 돼. 나는 이 방법을 이용하여 식탁을 평평하게 만들 것이다."

맛달이는 스승이 무슨 말을 하는지 이해 못 하고 단무지만 한 개 집어 먹었다. 단무지는 노란색의 ★반원이었다.

★ 반원
원을 지름을 기준으로 둘로 나누었을 때의 한쪽.

요달 스승이 일어나더니 원탁의 식탁을 잡고 이리저리 돌렸다.

"자. 이제 단무지 그릇을 식탁 위에 올려놓아 보아라."

"어, 스승님 단무지 그릇이 더 이상 흘러내리지 않아요."

"식탁의 다리가 점 A와 점 B의 역할을 하고 그것을 계속 이리저리 돌리다 보면 반드시 중심을 잡는 한순간이 생기게 되어 있다. 그

요리에 숨은 화학 반응을 찾아라!

럼 식탁의 다리가 안정을 이루면서 균형을 잡게 된다."

이때, 우 사장이 김이 모락모락 나는 맛있는 짜장면을 들고 왔다.

"초등생인 제자에게 너무 어려운 수학 강의는 그만하고 나의 짜
장면을 먹어 보게."

요달 스승과 맛달이는 우 사장의 짜장면을 비벼서 먹었다. 맛달이
짜장면의 감칠맛에 감탄했다.

"우와, 제가 이때까지 먹어 본 짜장면 중에서 최고예요!"

"어떻게 최고란 거지?"

"면발이 끝내줘요! 쫄깃쫄깃한 것이 제 입안의 모든 이를 다 건드리며 춤을 춰요!"

"그렇지, 우 사장의 면발 실력은 최고지. **밀가루가 물을 만나 ⭐글루텐으로 바뀌면서 그런 쫄깃쫄깃한 힘을 얻게 되는 거야!**"

"글루텐? 스승님 글루텐이 뭔가요."

우 사장이 하얀 밀가루를 가져오더니 물을 넣어 반죽했다.

"이때 만들어지는 단백질 덩어리가 바로 글루텐이다. 글루텐은 그물 모양인데 이 사이로 공기가 들어가서 쫀득하게 부풀어 오르게 된단다."

요달 스승이 반죽을 탁 쥐더니 주욱 늘렸다. 물 먹은 밀가루 덩어리가 마치 고무줄처럼 늘어났다. 요달 스승이 늘인 밀가루 덩어리를 던지자 우 사장이 그것을 받아 더 길게 늘렸다. 맛달이와 요달 스승은 우 사장을 따라 주방으로 들어갔다. 요달 스승과 맛달이 먹던 짜장면은 어떻게 됐냐고? 벌써 다 먹어 치웠지.

우 사장은 글루텐이 생긴 쫀

⭐ **글루텐**

보리, 밀 등의 곡류에 들어 있는 식물성 단백질로 주로 빵, 과자, 국수 등을 쫀쫀하게 만드는 역할을 한다. 글루텐의 함량에 따라 밀가루의 종류가 달라진다.

요리에 숨은 화학 반응을 찾아라!

득한 밀가루 반죽을 나무판 위에 기절시키듯이 내려쳤다. 기절한 덩어리에 물을 끼얹듯이 하얀 밀가루를 뿌렸다. 다시 정신을 차린 밀가루 반죽을 길게 잡아 늘여, 접어서 나무판에 탁 하고 때려 치며 또 기절시킨다. 아프기도 하겠다.

"맛달아, 잘 보아라. 저게 바로 면발 수학이라는 것이다."

"면발 수학이요?"

우 사장은 한 가닥으로 늘인 면발을 접어서 두 가닥으로 만들더니 다시 탁 하고 바닥에 내려쳤다. 그리고 다시 두 가닥을 접어서 네 가닥으로 늘렸다.

"맛달아, 저게 바로 2의 ★거듭제곱이라는 것이다."

> ★ **거듭제곱**
> 같은 수나 식을 여러 번 곱하는 것.

"2의 거듭제곱?"

"거듭제곱의 위력은 엄청나지. 그 수가 팍팍 늘어나며 사람들을 놀라게 하는 능력이 있어."

눈 깜짝할 사이에 우 사장은 몇 가닥이 안 되는 면발을 1024가닥으로 만들어 버렸다.

"아니, 어떻게 이럴 수가 있나요?"

"내가 말했잖아. 거듭제곱의 위력은 종종 사람을 놀라게 한다고."

우 사장이 웃으며 말했다.

"맛달아. 내가 몇 번을 접었을까? 1024가닥이 된 것을 보고 알아

맞춰 보아라."

맛달이는 우 사장의 문제를 풀려면 우선 거듭제곱이라는 것의 의
미를 알아야 했다.

"너는 거듭제곱이라는 것도 모르니?"

맛달이를 놀리듯 말하며 등장하는 녀석은 누굴까? 남들보다 팔이
긴 아이였다.

우 사장이 나무랐다.

"우동아, 너는 나를 찾아온 손님을 그렇게 놀리면 되겠니? 어서
사과해."

"저 녀석이 거듭제곱도 모르면서 면발 수학을 배우려고 하잖아요."

우동이는 우 사장의 아들이었다. 그러고 보니 우동이의 팔 길이도 우 사장처럼 엄청 길었다.

우동이는 진심이 담기지 않은 듯한 사과를 했다. 그러면서 맛달이에게 거듭제곱을 설명해 줬다.

"2×2=2²이라 쓰고 2의 제곱이라 부르고, 2×2×2=2³으로 쓰고 2의 세제곱이라고 불러. 2의 세제곱을 계산해 보면 8이야. 맛달이라고 했니? 그럼 1024는 2를 몇 제곱했을까?"

거듭제곱이라는 말뜻을 몰랐던 맛달이는 자존심이 상했다. 하지만 계산 능력에서 맛달이는 누구에게도 뒤지지 않을 자신이 있다. 맛달이는 엄지와 검지를 탁탁탁 마주치며 자신의 암산 능력을 발휘했다.

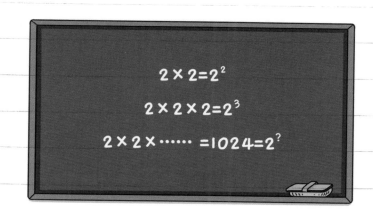

1. 짜장면 면발로 그림을 그려라

맛달이가 우동이의 눈을 쳐다보며 대답했다.

"2를 10번 거듭제곱하면 1024가 된다."

우동이는 맛달이를 쳐다보며 놀란 표정을 짓는다.

"제법이구나."

'아이들 싸움이 어른들 싸움이 된다'는 옛말이 있다. 맛달이와 우동이가 서로 쳐다보고 있고 맛달이의 스승 요달과 우동이의 아버지 우 사장이 경쟁하는 눈빛을 교환했다.

요달 스승이 우 사장을 보며 입을 열었다.

"아무래도 나의 제자와 너의 아들이 과학요리 대결을 해야 할 것 같아."

"음, 내 생각도 그렇네."

그리하여 공화춘 뒤편 광장에 수타 짜장면을 만들 수 있는 주방 시설이 준비되었다. 구경꾼이 많이 몰려와 두 꼬마 요리사를 응원하였다. 각각의 도마 위에 세 종류의 밀가루가 놓여 있고 우 사장이 말했다.

"여기 세 종류의 밀가루가 있다. 강력분, 중력분, 박력분. 밀가루는 종류에 따라 성질이 다르다. 어떤 것을 선택하느냐에 따라 면발의 땡땡함과 쫀득함이 달라지지. 어떤 선택을 하든 너희들 마음이다."

맛달이는 중력분을 선택하여 물과 함께 면발을 만들기로 했다. 그

요리에 숨은 화학 반응을 찾아라!

- 강력분: 굳은밀로 만든 밀가루. 끈기가 많으며, 주로 빵을 만드는 데 쓴다.
- 중력분: 딱딱하지도, 무르지도 않은 중간 정도의 밀로 만든 밀가루. 주로 국수를 만드는 데 쓴다.
- 박력분: 무른밀로 만든 밀가루. 끈기가 적으며, 주로 비스킷이나 튀김을 만드는 데 쓴다.

런데 우 사장의 아들 우동이는 강력분과 중력분을 섞었다.

우동이의 선택에 맛달이가 놀라며 혼잣말을 했다.

"뭐야? 저 녀석. 강력분을 선택하다니. 얼마나 팔 힘이 강하다는 거야?"

놀라는 맛달이에게 우동이가 비웃듯 말했다.

"킥킥, 네까짓 녀석이 나의 상대가 될쏘냐."

밀가루에 물을 넣어 반죽하면 종류에 따라 글루텐이라는 단백질의 양에서 차이가 난다. 면발의 힘은 바로 글루텐에서 시작되는 것이었다.

요달 스승이 말했다.

"강력분 밀가루는 보통 빵을 만들 때 사용하고, 면류를 만들 때는 중력분을 많이 이용하는데 저 둘을 섞다니……. 우동이는 반죽을 치대는 힘이 뛰어난가 보구나."

탕! 탕! 탕! 우동이가 도마 위에 반죽을 치대는 힘은 대단했다. 하

29

지만 과학요리 수련생인 맛달이도 이에 뒤질세라 기죽지 않고 반죽을 치대며 그 위에 밀가루를 뿌렸다. 어느새 우동이와 맛달이는 적당한 길이로 면발을 뽑았다. 그리고는 면발이 잘 익을 때까지 삶기 시작했다.

면을 삶는 동안 우 사장이 말했다.

"너희들이 삶은 면으로 한붓그리기 시합을 할 것이다."

"한붓그리기는 어떤 도형을 그릴 때 연필을 떼지 않고 모든 선을 한 번만 지나게 그리는 것이다. 우리는 면발 수학을 배우고 있으니, 면발이 같은 곳을 두 번 지나지 않으면서도 끊어지지 않으면 그 사람이 이기는 것이다."

면발이 익기 시작할 즈음 맛달이가 자신의 면발이 담긴 솥에 소금을 조금 넣었다. 요달 스승이 흐뭇하게 웃으며 말했다.

"녀석, 과학을 많이 배웠구나. 밀가루에 물을 넣으면 탄력성과 늘어나는 성질이 있는 글루텐이라는 단백질이 생기는데 이때 소금을 넣으면 글루텐이 더 많이 생기게 되지."

우 사장 역시 맛달이가 보통 상대는 아니라는 것을 느꼈다.

드디어 긴 면발들이 다 익었다. 경기에 앞서 면발의 탄력성을 더욱 높이기 위해 맛달이와 우동이는 찬물로 면발을 식혔다. 찬물로 샤워한 면발은 더욱 탱탱하게 보였다.

그런데 면발이 너무 탱탱해도 한붓그리기에는 적당하지 않다. 탱

요리에 숨은 화학 반응을 찾아라!

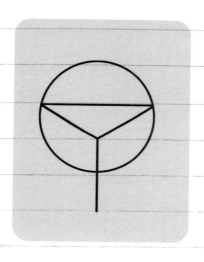

탱한 면발을 이리저리 휘는 것은 힘들기 때문이다. 우 사장과 요달 스승은 한붓그리기를 할 도형을 그려 주었다.

우동이가 말했다.

"한붓그리기는 말이지 반드시 ★홀수점이 두 개 있어야 한다. 그리고 그 홀수점에서 출발해야 한붓그리기를 완성할 수 있지."

★ 홀수점
선분이 홀수 개가 모이는 점.

우동이는 홀수점에 첫 면발을 올려놓고 끊어지지 않게 도형을 만들어 나갔다. 우동이는 자신 있게 면발을 휙휙 흔들며 만들어 갔다. 당연하다. 그의 면발은 강력분과 중력분을 혼합해서 만들었기 때문에 글루텐 함량이 높아 잘 끊어지지 않았다.

우 사장이 말했다.

"그래. 두 홀수점이 있는 도형은 반드시 한붓그리기가 가능하다. 하지만 시작점과 끝점은 반드시 다른 홀수점이어야 하지."

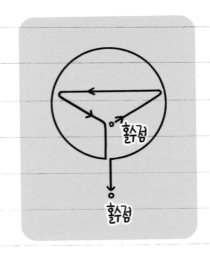

"대단한 녀석이다. 저렇게 휘돌리고 꺾어도 끊기지 않는 녀석의 면발. 글루텐의 힘도 대단하지만 한붓그리기 수학 실력 역시 뛰어나구나."

요달 스승이 말했다.

"이제 맛달이 차례다."

요달 스승이 맛달이가 도전할 한붓그리기 도형을 그려 주었다.

"윽, 스승님 이건 너무 어려운 거 아니에요?"

"할 수 없잖니. 너무 쉬운 것을 내면 공정치 못하잖아."

"한붓그리기도 문제지만 꺾여 있는 도형의 모서리를 내가 만든 글루텐 면발이 감당할 수 있을까? 하지만 저 얄미운 우동이 녀석에게 질 수 없어."

맛달이가 자신이 만든 면발 한 줄을 먹어 봤다.

"오, 이 탱탱한 식감. 하지만 꺾일 때 잘 버텨 주어야 할 텐데. 앗, 문제가 하나 더 있군. 저 도형은 홀수점이 없잖아? 그렇다면 어느

요리에 숨은 화학 반응을 찾아라!

곳에서나 시작할 수 있겠
군."

맛달이는 자신이 만든 면
발 중 가장 긴 면발 하나를
건져 올렸다. 부드러우면서
탄력이 있었다.

"어서 시작해!"

우동이가 재촉했다.

맛달이는 겹치는 곳이 없는 한붓그리기를 위
해 뇌에 당을 쏟아부었다. 인간의 뇌에 줄 수
있는 에너지는 당분뿐이다. 당분은 사탕 같
은 단 음식에 많이 들어 있어, 공부할 때 설탕이
들어간 음식을 먹으면 도움이 된다.

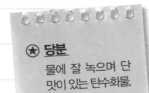
★ 당분
물에 잘 녹으며 단
맛이 있는 탄수화물.

맛달이가 면발로 모양을 만들었다. 생각은 많이 했지만 동작은
아주 단순했다.

우 사장이 말했다.

"오, 놀라운데!"

요달 스승이 맛달이를 칭찬했다.

"멋진데, 접히는 부분을 최소화하여 한붓그리기를 완성하다니.
그리고 이 도형은 홀수점이 없는 도형이라 어디서나 그려도 된다.

33

하지만 어디서나 할 수 있다는 말은 쉬울 수도 있지만 선택할 때 혼란을 일으키기도 하지. 장하다. 맛달아."

맛달이의 수학 실력을 우동이도 진심으로 인정해 줬다.

이렇게 맛달이와 우동이의 대결은 무승부가 되었고 둘은 친구가 되었다.

우 사장이 이 재미난 승부에 감탄하며 자신의 특기인 해물누룽지탕을 만들어 주었다.

"우와 너무 맛있어요. 해물누룽지탕!"

그렇게 맛달 일행은 우 사장 식구들과 즐거운 시간을 보냈다.

요리에 숨은 화학 반응을 찾아라!

다음 중 한붓그리기가 가능한 도형은?

①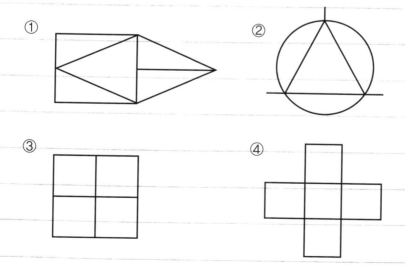

②

③

④

1. 짜장면 면발로 그림을 그려라

2 우유를 끓이고 흔들어라

　여기는 산들바람 시원한 대관령 목장이다. 맛달이와 요달 스승이 푸른 잔디 위에 앉아 있다. 요달 스승이 자신의 배낭에서 호리병을 꺼냈다.

　"맛달아, 이 안에 무엇이 들어 있을 것 같으냐?"

　요달 스승은 호리병 속에서 뽀얀 빛깔의 액체를 잔에 따라 맛달이에게 건넸다.

　"스승님, 혹시 이거 막걸리인가요? 저는 이제 열세 살이라고요. 술은 절대 안 돼요."

　"일단 마셔 보아라."

　눈을 찔끔 감은 맛달이가 막걸리 같은 액체를 마셨다.

"앗, 이거 우유네요!"

"하하하, 이곳 대관령에는 젖소에서 나오는 신선한 우유가 많이 있단다. 오늘 우리가 배울 과학음식은 우유란다."

맛달이는 맑은 공기와 함께 우유를 듬뿍 마셨다.

"맛달아, 같은 우유라고 해도 ★살균하는 방법에 따라 맛이 다르단다."

"살균하는 방법에 따라 맛이 달라진다고요?"

"그래. 우유는 130℃에서 150℃ 사이에서 0.5~5초간 가열하는

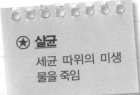

★ **살균**
세균 따위의 미생물을 죽임

2. 우유를 끓이고 흔들어라

초고온 순간 살균법으로 처리하는 것이 가장 많다. 그런데 고온 살균법으로 소독한 우유에서 약간 독특한 냄새가 나. 그래서 요즘은 62~65℃ 사이에서 30분간 저온 장시간 살균법을 많이 이용하고 있지. 요렇게 하면 막 짜 낸 생우유에 가까운 맛을 즐길 수 있단다. 하지만 단점으로는 유통기한이 짧아서 구입 후 빨리 마셔야 하지. 우유를 사거든 고온 처리인지 저온 처리인지 살펴보도록 하여라."

"그런데 우유를 살균 처리하는 이유가 뭔가요?"

"네 이놈, 요즘 아이들은 너무 한자 공부를 안 하는구나. 살은 죽일 살(殺)에다가 균은 세균 균(菌)이잖느냐. 우유에 간혹 있는 결핵균을 죽이기 위해 살균하는 거란다. 한자 공부 좀 하여라."

요리에 숨은 화학 반응을 찾아라!

"스승님, 지난번에 우유를 먹으면 소화가 잘 안 된다는 저희 할머니를 위해 우유를 데웠는데 위에 얇은 막이 생겼습니다. 그건 뭔가요?"

"오, 우유를 가열하면 표면에서 수분이 증발하고 단백질의 농도가 진해지면서 응축 현상이 벌어져서 그렇단다. 그리고 우유에 포함된 지방분이 달라붙어 지방층이 생기는 거야. 할머니는 여전히 건강하시지?"

"예, 여전히 건강하셔요. 근데 표면장력이 뭐예요?"

"표면장력은 물 같은 액체의 표면이 스스로 작아져 되도록 작은 넓이를 가지려는 힘의 성질을 말한단다. 예를 들면 새벽녘에 풀잎에 붙은 이슬이 퍼지지 않고 동그랗게 모여 있는 모습을 본 적이 있지? 그런 경우에 표면장력이 작용한다고 말할 수 있단다."

대관령 날씨가 맑아서 그런지 조금 더웠다. 요달 스승이 자신의 가방에서 또 다른 조리도구와 재료를 꺼내서 팥빙수를 뚝딱 만들었다.

"와아, 맛있겠다!"

"맛달아, 너 가당연유가 뭔지 아니?"

"네, 팥빙수 만들 때 넣는, 우

유로 만든 것 아닌가요?"

"맞아. 우유에 설탕을 첨가 후 농축하여 미생물 증식을 막고, 보존성을 높인 식품이지. 여기서 비율이라는 수학이 등장한단다."

"**비율**은 몇 대 몇 그런 것 아닌가요?"

"그렇지. **어떤 수량(비교하는 양)의 다른 수량(기준량)에 대한 비의 값을 나타낸 것이다.** 가당연유의 경우를 보면 1 : 3으로 농축하여 만든다. 1 대 3이라고 읽고 이것을 분수로 나타내면 $\frac{1}{3}$이 되지."

"전체를 1로 보고 3등분하여 나눈다는 뜻이군요. 1만큼의 우유가 $\frac{1}{3}$로 줄어드는 것이네요."

"그렇지. 이 가당연유를 가지고 재미난 퀴즈를 하나 내볼까?"

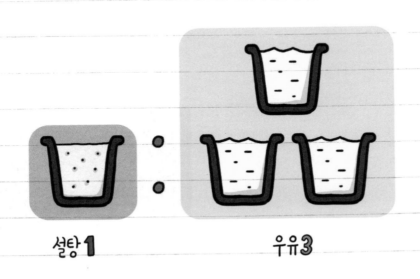

설탕1   우유3

요리에 숨은 화학 반응을 찾아라!

"정말 재미난 거 맞나요?"

"허허, 이 녀석이 속고만 살았나. 내가 볼 땐 재미있는 것 맞아. 퀴즈 내지 말까?"

"아닙니다. 내 주세요."

요달 스승은 가방에서 투명한 잔을 하나 꺼냈다. 유리잔에 신선한 오렌지 주스를 정확히 반을 따라 부었다.

"수학에서 반은 $\frac{1}{2}$이라고 해. 2분의 1이라는 것은 1을 두 부분으로 나눌 때 한 덩어리를 뜻하는데 $\frac{1}{2}$이라 쓴다."

"네, 분수라는 단원에서 배운 것 같아요."

"자, 이제 퀴즈가 나간다. 잘 봐라."

반으로 채워진 오렌지 주스 잔에 요달 스승이 가당연유를 반, 즉 $\frac{1}{2}$을 따라 부었다.

그러더니 갑자기 잔이 보이지 않게 검은 천으로 덮어 버렸다.

"맛달아, 어떤 결과가 나왔겠니? 1번, 주스와 가당연유가 섞여서 색이 흐려진다. 2번, 가당연유가 위, 주스가 아래로 나뉜다. 3번, 주스가 위, 가당연유가 아래로 나뉜다. 정답을 골라 보아라."

"어려운 문제네요."

"그렇다면 내가 힌트를 하나 주마. 정답이 나올 확률은 수학적으로 $\frac{1}{3}$이다. 그 말은 세 가지 중 하나가 답이라는 소리지. 하하하."

"뭐예요! 그게 무슨 힌트인가요. 모르겠어요."

요달 스승이 검은 천을 걷어 내자 아래쪽에는 가당연유가 깔려 있고 위쪽에는 오렌지 주스로 나뉘어 있었다.

"2단으로 나뉘는 것은 왜 그런 거지요? 맛있어 보이네요."

"그건 ★ 설탕의 힘이라고 볼 수 있어."

"예? 설탕의 힘이라고요?"

"응, 가당연유에는 설탕이 많이 들어 있고 상대적으로 오렌지 주스에는 설탕이 적게 들어 있지. 그래서 무거운 가당연유가 아래층에 깔리고 상대적으로 가벼운 오렌지 주스는 위층에서 놀고 있는 거다."

"그럼, 붓는 순서를 달리하면 어떻게 되나요?"

"하하하. 이번에는 진짜 수학적인 설명을 해 줄게."

"네, 과학적인 내용에 이번에는 수학적인 설명이라고요?"

"뭐, 그렇게 어려운 것은 아니니까 같이 해 보자. 3 더하기 5는?"

"3 더하기 5는 8이요."

"좋아, 이번에는 5 더하기 3은?"

"5 더하기 3도 역시 8이요."

"이게 수학의 무슨 법칙인지 아니?"

"예, 중학생이 되면 배우는 것이지만

★ 설탕
탄소, 수소 및 산소로 구성된 화합물로 단맛이 나며 물에 잘 녹는다.

요리에 숨은 화학 반응을 찾아라!

내용이 어렵지 않아 알고 있어요. 덧셈에서 자리를 바꾸어 더해도 그 결과에는 변함이 없다는 교환법칙이잖아요."

"바로 그거다. 오렌지 주스를 먼저 부으나 가당연유를 먼저 부으나 그 결과에는 아무런 영향을 주지 않아. 당연히 무거운 가당연유가 바닥에 깔리게 되어 있단다."

맛달이는 스승님의 설명에서 수학과 과학의 원리를 동시에 배워 기뻤다. 수학과 과학은 이렇게 뗄 수 없는 관계라는 것을 맛달이는 새삼 느꼈다.

대관령이라 그런지 주위에는 소들이 많았다. 그때 한 마리의 소가 등에 붙어 있는 파리를 쫓기 위해 연신 꼬리를 흔들어 댔다.

"맛달아, 재미난 실험 하나 더 보여 줄까?"

"네, 스승님. 재미난 것이라면 뭐든 좋아요."

"재미나면 무조건 좋다고? 그럼 저기를 봐."

요달 스승이 가리킨 곳을 보니 소똥이 한 무더기 있었다.

"뭐예요, 저게 재미난 거예요?"

"하하하, 그건 농담이고 소꼬리를 이용한 우유의 변신을 보여 주마."

요달 스승이 이번에 가방에서 꺼낸 것은 생크림과 병이었다.

"와아. 생크림 맛있겠다."

"어허, 이 녀석아! 이건 먹을 게 아니라 학습 도구란다."

요리에 숨은 화학 반응을 찾아라!

요달 스승은 생크림을 병에 넣었다. 그것을 들고 파리 때문에 고생하는 소에게 가서 꼬리에 생크림을 넣은 병을 매달았다. 그리고 소똥을 주워 와서 소의 엉덩이에 발랐다. 물론 고무장갑을 낀 채로.

"소야, 조금만 참고 실험에 협조하렴. 나중에 널 괴롭히는 파리들을 내가 다 없애 주마."

엉덩이에 소똥을 바르자 파리들이 달라붙었고 그것을 털어 내기 위해 꼬리가 요동을 쳤다. 꼬리가 요동을 치자 꼬리에 매달린 생크림 병도 함께 마구 흔들렸다.

그렇게 시간이 제법 흐르고 요달 스승님은 소 엉덩이에 붙어 있는 파리를 모두 쫓아 버리고 꼬리에 매달았던 병을 끌렀다.

파리가 사라지자 소는 기분이 좋은지 입꼬리를 위로 올리더니 다시 대관령 푸른 초원으로 사라져 갔다.

"맛달아, 이 병 안이 어떻게 되었겠니?"

"병이 마구 흔들렸으니 엉망이 되었겠지요."

"과학을 공부하는 녀석이 고작 그것밖에 생각하지 못하느냐?"

요달 스승은 병뚜껑을 열었다. 병 안을 들여다본 맛달이는 깜짝 놀랐다.

"오, 웬 덩어리들이 있어요. 부드러운 생크림은 자전거 타고 어디 갔나."

"생크림이 자전거 타고 어디 간 것이 아니라 바뀌었어. 맛달아,

뭐로 변했는지 한번 먹어 봐라."

덩어리를 한 입 먹은 맛달이가 말했다.

"우와, 버터 맛이다!"

"버터 맛이 아니라 버터다. 버터는 그렇게 만들어지지. 생크림에는 지방이 듬뿍 들어 있어. 이 지방들은 얇은 막으로 싸인 알맹이다. 병을 흔들면 지방의 막이 벗겨져서 알맹이끼리 모여 굳어지지. 그렇게 만들어진 덩어리가 바로 버터란다."

"생크림을 흔들면 버터가 생기는구나. 역시 과학은 신기하네요."

"맛달아, 이러한 화학작용은 수학에도 있단다."

"네? 이렇게 변화하는 화학작용이 수학에도 있다고요?"

"당연하지. 수학의 ★사칙계산이 바로 이런 화학작용과 같은 것이란다."

"아하, 사칙계산!"

"맛달아, 준비되었느냐?"

"예, 스승님. 말씀하십시오."

요달 스승은 엄청나게 두꺼운 문제집을 펼쳤다. 그런데 문제는 별로 없고 책 자체가 너덜거렸다.

"99에 1을 더하면 즉, 99+1을 하면 어떤 변화가 일어나느냐?"

"100입니다."

★ **사칙계산**
수에 관한 덧셈·뺄셈·곱셈·나눗셈의 네 종류의 계산법으로 사칙연산이라고도 한다.

요리에 숨은 화학 반응을 찾아라!

"그런 유치한 답을 기대하고 물은 것이 아니다. 그러고도 네가 과학요리사가 되려고 하느냐?"

다시 생각에 잠긴 맛달이가 뭔가 깨달은 듯이 말했다.

"99에 1을 더하면 두 자리 수가 세 자리 수로 변신합니다. 마치 화학처럼."

"그렇다. 물이 99℃에서 끓지 않고 거기에 1℃가 더해진 100℃에서 끓는 이유와 같다."

요달 스승이 다음 장을 넘기며 말했다.

"자, 이제 20 빼기 30을 해 보아라."

"윽, 어떻게 20보다 더 큰 30을 뺄 수 있나요?"

"자연수 상태에서는 이 문제의 변화를 일으킬 수 없어. 나중에 정수라는 큰 환경이 만들어질 때 이 식은 변화를 가져올 것이다."

"스승님, 지금 궁금합니다."

"그래? 그렇다면 중학생 때 배울 내용이지만 살짝 그 큰 변화의 소용돌이를 만나 보자. 시작은 0으로부터 시작한다. 네가 지금 있는 곳이 0이라고 한다면 그곳을 출발선으로 하겠다."

맛달이가 지금 서 있는 지점을 0이라고 했다.

"맛달아, 앞으로 20m 직진해 보아라. 앞으로 가는 것은 +20이라고 할 수 있어."

"예, 뛰겠습니다."

맛달이가 20m 앞으로 갔다.

"맛달아, 네가 지난번에 뒤로 가는 것을 연습했었지. 넘어지지 않고 중심을 잘 잡아야 한다."

"염려 마세요. 뒤로 가는 것은 이제 눈 감고도 잘 달립니다."

"그래, 앞으로 20m 간 지점에서 뒤로 30m 가 보거라."

"예!"

맛달이는 넘어지지도 않고 앞으로 가는 것처럼 자연스럽게 뒤로 달렸다.

"자, 이제 생각해 보자. 네가 뒤로 돌아서 30m를 되돌아가면 원래 있던 지점에서 얼마만큼 간 셈이 되지?"

맛달이는 위치를 확인해 보고 말한다.

"음, 10m 정도 뒤로 온 것 같아요."

요리에 숨은 화학 반응을 찾아라!

"그렇지. 뒤는 앞의 반대 개념으로 +(플러스)의 반대 부호로 -(마이너스)를 붙여서 나타낼 수 있지. 뒤로 10미터는 -(마이너스) 10이라고 할 수 있어."

"우와, 그럼 20-30의 화학식 변화는 -10이네요. 정리해 보면 20-30＝-10. 뭔가 굉장한 것을 배운 느낌입니다."

"맛달아, 이 개념은 여기서 그만. 너무 많이 배우면 어지러울 수 있어. 흐흐."

"앗, 스승님 죄송해요."

"뭐야. 항상 수학책은 두꺼우니까 조심해서 다루라고 했잖아."

맛달이가 수학책을 너무 세게 펼치는 바람에 책장들이 떨어져 나왔다. 맛달이가 부주의한 점도 있지만 책 제본 상태가 안 좋아 책장들이 떨어졌다. 풀로 붙여야 할 상황이었다.

"맛달아, 풀을 가지고 있느냐?"

맛달이가 주변의 들판을 쳐다봤다.

"이 녀석, 그런 풀 말고 종이를 붙이기 위한 풀 말이다."

"풀밖에 없는 목장에서 붙이는 풀을 어떻게 찾을 수 있겠어요?"

요달 스승은 가방에서 우유와 버너를 꺼냈다.

"스승님, 우유로 뭐 하시게요?"

"맛달아, 그래서 과학은 배워 둬야 하는 거야. 내가 지금부터 붙이는 풀을 만들도록 하마. 우리가 지금까지는 우유 속의 지방으로 과학을 배웠지. 이제는 우유 속에 있는 단백질이 섭섭해하지 않도록 그들의 도움을 받아 보도록 할게."

요달 스승은 냄비에 신선한 우유를 붓고 버너 불 위에서 우유를 뜨겁게 끓였다.

바글바글 우유가 끓기 시작하자, 요달 스승은 식초를 조금 넣은 다음 우유의 기분이 가라앉도록 잘 저어 주었다. 그러니까 우유가 방울방울 하얗게 엉겨 붙기 시작했다. 요달 스승은 하얀 덩어리를 건져서 물기를 털어 낸 다음 찬물로 시원하게 헹궈 주었다. 시원한 우유 덩어리에 물과 베이킹파우더를 조금씩 섞었다.

하얀 덩어리들이 뱉어 낸 동그란 거품이 없어지도록 저었다. 그랬더니 끈적거리는 것이 생겨났다.

요리에 숨은 화학 반응을 찾아라!

"저 끈적거림의 정체는 무엇인가요?"

"⭐카세인이라는 단백질 성분의 물질이다. 우유 안에 숨어 지내는 아주 오래된 접착제라고 볼 수 있지."

"우와, 우유 안에서 붙이는 풀을 만들어 내시다니. 놀라워요!"

우유로 만든 카세인 풀로 책장들을 붙이니 대관령 산들바람에도 꼼짝하지 않고 책 속에 붙어 있었다. 대단한 우유 풀이다.

"이제 책이 잘 붙었으니 다시 수학책을 펴거라."

"네, 스승님"

"곱하기, 나누기에 대한 이야기만 좀 더 하고 수학 공부를 마무리하도록 하자."

"감사합니다. 더 이상 공부하는 것은 이 좋은 자연환경에 대한 예의가 아닌 것 같아요."

"푸하하. 녀석, 수학 공부가 무섭기는 무섭지. 나 역시 가끔 수학이 무섭기도 하단다."

맛달이가 수학책을 펴 문제를 확인했다.

200에 얼마를 더하면 2000이 될까?

"스승님, 이건 너무 간단한 문제 아닙니까? 답은 0입니다."

"잘했다. 그럼 200에 얼마를 곱하면 200이 될까?"

"음, 그건 1입니다. 200에 1을 곱하면 자기 자신인 200이 나옵니다."

"그렇다. 아주 쉬운 것이지만 이것들이 나중에 유용하게 쓰이게 되니까 그 이름 정도는 알아 두어야 하지 않을까?"

"네? 이름도 있나요. 그냥 0과 1 아닌가요?"

"그 둘이 사칙계산에서 어떠한 역할을 해낼 때 우리는 그들에게 자랑스럽게 이름을 붙여 줄 수 있다. 우유에서 카세인이라는 진득 진득한 단백질을 뽑아냈듯이 수에서도 그들만의 독특한 성질을 뽑아내고 이름을 붙여 줄 수 있어."

요달 스승은 0과 1에 대해 다시 말했다.

"사칙계산을 할 때, 0과 1처럼 덧셈과 곱셈을 해서 자기 자신을 그대로 나오게 하면 우리는 그들을 항등원이라고 부른단다."

"항등원? 말이 어렵습니다."

"어렵더라도 알아두어라. 우유 단백질인 카세인이라는 말처럼 자주 들으면 둘도 없이 친해진다. **더하거나 곱해서 자기 자신을 나오게 하는 수를 우리는 항등원이라고 불러 주자.**"

이때, 어디서 날아왔는지 화살이 하나 날아왔다. 아슬아슬하게 요달 스승을 비켜나 옆에 있던 나무에 꽂혔다.

요리에 숨은 화학 반응을 찾아라!

"누가 이런 장난을 친 거야!"

"스승님, 화살에 종이가 매달려 있어요."

"그래? 그럼 그 종이를 떼 내어 읽어 보아라."

맛달이는 멍하니 종이를 들고만 있었다.

"뭐 하냐. 소리 내서 읽어 보래도."

"종이에 아무것도 써 있지 않아요."

"이리 가져와 봐. 음, 그렇군. 하지만 누군가 우리를 실험해 보려고 이런 짓을 했을 것이다."

요달 스승은 가방에서 후춧가루를 꺼냈다. 요달 스승이 아무것도

없는 종이 위에 후춧가루를 살살 뿌렸다가 털어 내자, 종이 위에 글
씨가 나타났다.

"그놈 짓일 거야."

"스승님, 짐작이 가는 사람이 있나요?"

"그래. 짐작 가는 자가 108명 정도 있구나. 세계 과학요리 대회
멤버들이지. 하하하."

"엥, 무슨 소리 하는 거예요. 근데 후춧가루가 어떻게 글씨를 만
들어 냈나요?"

"음, 그건 내가 의심하는 사람 108명 중 하나가 우유로 글씨를 썼

요리에 숨은 화학 반응을 찾아라!

어. 그러고 나면 수분은 증발하고 지방과 단백질 성분이 있어 눈에 보이지 않지만 진득진득함이 남는단다. 그래서 후춧가루를 뿌리면 달라붙는 거지. 맛달아, 우리도 이제 대관령을 하산하여 곧 있을 세계 과학요리 대회를 준비하자구나."

"예, 스승님."

그렇게 맛달이 일행은 우유를 마시며 산을 내려왔다.

퀴즈 2 ||||||||||||||||||||||||||||||||||||||||||||||||||||||||||||||||||||||||

표면장력을 이용하는 대표적인 곤충은?

3 구이 요리와 평면도형의 이동

"이 영감이 여기 왜 왔어? 외상값은 준비해 온 거야?"

"이 할망구 말버릇 좀 봐. 외상값은 나중에 꼭 갚을 거야."

"그럼 왜 온 거냐고?"

"아, 과학요리에 도전하는 내 제자에게 구이 요리의 과학을 가르쳐 주려고."

맛달이는 스승을 따라 삼겹살 구이 전문점에 왔다.

"어이, 거기, 이리와 봐!"

맛달이는 멍하니 서 있었다. 할머니가 불같이 화를 내며 말했다.

"빨랑 안 와?"

"저 말인가요?"

"그래, 지금 여기 영감님 말고 너밖에 없잖니?"

"아, 예."

맛달이는 할머니의 기에 눌려 아무 말도 못 하고 달려갔다. 불판 옆에 놓인 그릇에 삼겹살이 한 무더기 쌓여 있었다.

"불판에 열이 올랐으니 수학 공부를 좀 해 보자."

"예?"

할머니가 화를 내며 소리를 쳤다.

"이 녀석이. 진짜 과학요리 배우는 거 맞아? 삼겹살을 보면 수학이 딱 떠오르지 않냐?"

지글 지글

3. 구이 요리와 평면도형의 이동

'삼겹살이 수학과 무슨 관계가 있단 말인가.'

맛달이는 기가 차서 아무 말도 하지 못하고 서 있었다.

"멍하니 있지 말고 당장 삼겹살을 불판 위에 올려라."

맛달이는 각도기처럼 생긴 집게로 삼겹살을 집어서 불판 위에 가지런히 올려놓았다. 고기를 잘 올려놓았다고 생각한 맛달이에게 할머니가 물었다.

"이게 수학으로 말하면 뭐냐?"

"삼겹살을 좀 옮긴 것이 수학과 무슨 관계가 있나요?"

"이런 쯧쯧. 삼겹살을 도형이라고 생각해 봐. 방금 네가 한 행동이 뭐겠니?"

그제야 맛달이는 뭔가를 깨달았다.

"아, 도형 옮기기입니다."

"이제 정신이 좀 드는가 보구나. 호호."

할머니가 웃더니 또다시 버럭 화를 내며 말했다.

"뭐해. 이 녀석아! 저쪽에 있는 삼겹살 다 타겠다. 옆쪽으로 ★평면도형 밀기를 해라."

맛달이는 할머니의 말씀대로 도형을 여러 방향으로 밀기 시작했다. 이것은 수학의 평면도형 밀기 기술이다. 맛달이의 머리에서 초등학교 3학년 때 배운 내용이 떠올랐다.

> **★ 평면도형**
> 점이나 직선, 곡선, 다각형, 원과 같이 길이나 폭만 있고 두께가 없는 도형

요리에 숨은 화학 반응을 찾아라!

평면도형을 오른쪽, 왼쪽, 위쪽, 아래쪽으로 밀어도 모양과 크기는 변하지 않는다.

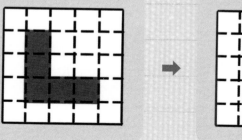

불판의 뜨거운 정도가 위치에 따라 조금씩 다르기 때문에 삼겹살의 위치를 도형 옮기기를 통해 여러 방향으로 옮겨야 했다.

'언제 맡아도 삼겹살 익는 냄새는 너무 고소해.'

그때, 갑자기 할머니가 상추 세 장을 겹쳐 쥐고는 소리를 질렀다. 맛달이는 정신이 번쩍 들었다.

"고기 다 타겠다. 빨랑빨랑 평면도형 뒤집기 안 할겨?"

화력이 얼마나 센지 금방 삼겹살 한 면이 다 익었다. 맛달이가 정신을 차리고 다 익은 삼겹살을 뒤집기 시작했다. 맛달이가 삼겹살 뒤집는 장면을 다음과 같이 수학적으로 표현해 보았다.

- 도형을 오른쪽이나 왼쪽으로 뒤집으면 도형의 오른쪽 부분은 왼쪽으로, 왼쪽 부분은 오른쪽으로 바뀐다.
- 도형을 위쪽이나 아래쪽으로 뒤집으면 도형의 위쪽 부분은 아래쪽으로, 아래쪽 부분은 위쪽으로 바뀐다.

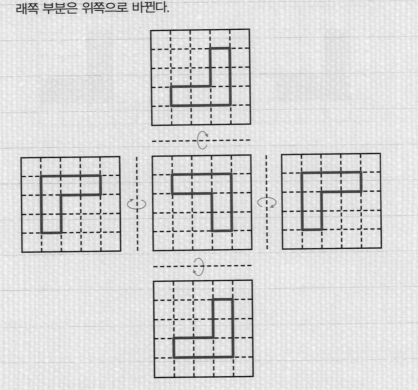

땀을 벌벌 흘리며 정신없이 수학 공부를 한 맛달이는 배가 고팠다.

"그래, 고생 많이 했구나. 고기가 다 익었으니 먹어 보아라."

무서운 할머니가 삼겹살을 먹으라고 하니 선뜻 손이 가지 않았다.

요리에 숨은 화학 반응을 찾아라!

"어서 먹어 보아라."

맛달이가 삼겹살 한 점을 집어 먹었다.

"우와, 정말 맛있어요!"

옆에 있던 요달 스승이 말했다.

"배가 고파서 그런 게 아니고?"

"스승님, 배가 고프기도 하지만 정말 맛있어요."

요달 스승이 말했다.

"아마 그럴 것이다. 그 삼겹살은 그냥 삼겹살이 아니고 '과학 삼겹살'이라서 그렇다."

'삼겹살이 다 같은 삼겹살이지. 과학 삼겹살은 또 무슨 소리인가.'

오늘 맛달이의 머리는 너무 복잡하다.

이번에는 할머니가 나서서 말했다.

"애가 혼란스러울 테니 영감이 자세히 설명해 줘."

"맛달아, 지금 네가 먹은 삼겹살은 굽기 전에 먼저 불판을 충분히 가열하고 구운 것이란다."

"스승님, 그러면 어떻게 되는데요?"

"음, 만약 **약한 불에 고기를 굽기 시작하면 '열 ★응착'이라는 현상이 생기지. 그러면 고기 단백질이 금속에 눌어붙어 잘 떨어지지 않아.** 그리고 또 하나, 고기를 굽기 전에 프라이팬이

★ **응착**

매끈한 면을 가진 고체를 다른 고체에 접촉시키면서 힘을 가했을 때 양쪽이 한 덩어리로 들러붙는 현상.

61

3. 구이 요리와 평면도형의 이동

나 철판을 센 불에서 충분히 달구어 놓으면 고기 표면의 단백질이 한순간에 응고되면서 고기 속의 맛있는 육즙이 밖으로 빠져나가는 것을 막을 수 있단다."

"아, 그래서 제가 아까 도형 옮기기, 아니 삼겹살 옮길 때 불판이 그렇게 뜨거웠던 거네요. 스승님 말씀대로 방금 맛있게 먹은 삼겹살은 과학 삼겹살이 확실해요."

할머니가 주방으로 들어가서 석쇠를 가지고 나왔다.

"석쇠를 이용해서 삼겹살 구이를 하면 수학의 좌표평면에 대해 확실히 알 수 있어."

"예? 그건 또 무슨 말씀인가요."

"아이고 이 녀석아, 네가 요달의 수제자가 맞느냐? 어째 이렇게 모르는 게 많은 게냐?"

할머니는 석쇠를 맛달이의 눈앞에 가까이 들이밀었다.

"수학은 이미지야. 뭐 생각나는 것이 없냐?"

맛달이는 머리를 감싸 쥐다가 갑자기 눈을 크게 뜨며 외쳤다.

"맞다! 수학자 데카르트 아저씨가 만든 좌표평면 모양이네요."

요리에 숨은 화학 반응을 찾아라!

맛달이가 생각을 해내자, 요달 스승이 자랑스럽다고 칭찬하며 식탁 위에 있는 당근을 씹어 먹었다.

"음, 맛달이 녀석이 이제 정신을 차리는구나."

맛달이는 수학의 좌표평면에 대해 생각했다.

좌표평면

가로축(x축)과 세로축(y축)으로 이루어진 평면으로 좌표평면 위의 각 점은 두 수의 순서쌍(좌표)으로 나타낼 수 있다.

"때로는 말보다 수로 표현하는 것이 더 쉬울 때가 있지. 좌표평면을 한번 볼까?"

할머니는 가로 3과 세로 4를 지나는 선이 만나는 점에 삼겹살을 올려놓았다.

"지금 내가 삼겹살을 놓은 위치를 3 콤마 4라고 읽을 수 있어. 기호로는 (3, 4)로 쓴단다. 이렇게 쉬운 표현을 두고 '삼겹살을 저기 놔라, 여기 놔라, 거기 말고 이 녀석아.' 이렇게 말하면서 서로 헷갈리면 되겠니?"

"제가 우왕좌왕하다가 할머니께 혼나겠지요."

"알긴 아는구나. 하하하."

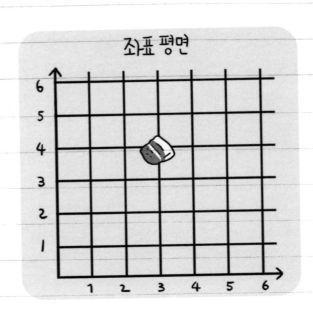

맛달이는 석쇠가 수학을 위한 학습 도구가 될 수도 있다는 사실에 놀랐다. 이번에는 요달 스승이 나서며 설명했다.

"좌표평면을 읽을 때는 반드시 가로줄을 먼저 읽고 나중에 세로줄을 읽어야 한다. (3, 4)라는 기호의 뜻은 가로줄이 3이고 세로줄이 4라는 뜻이지."

할머니가 다시 나서며 맛달이에게 물었다.

"그럼 이런 석쇠에는 어떤 과학이 있는 줄 아느냐."

할머니의 질문에 맛달이가 당황했다.

"앞에서 말했잖아."

요리에 숨은 화학 반응을 탐구하라!

"아, 예. 석쇠를 미리 충분히 달구어 놓아서 고기의 표면을 빨리 익혀 육즙이 밖으로 새는 것을 막습니다."

"그리고 또 하나 더 있어. 석쇠에 기름을 발라 준다."

"기름을요?"

"그래, 그러면 기름막이 금속과 단백질의 반응을 어느 정도 막아 주지. 그래야 겉은 바삭하게 익고 안쪽도 맛있는 육즙을 그대로 간직하면서 익게 된단다."

"과학 삼겹살 너무 맛있어요."

주방으로 들어간 요달 스승이 쇠꼬챙이를 발견하고는 할머니를 향해 엄지손가락을 치켜세웠다.

"이 영감이 무슨 아부를 하려고……."

"왜 이리 부정적이야. 나는 당신의 과학요리를 존경한다고."

요달 스승이 주방에서 쇠꼬챙이 하나를 들고 나왔다.

"음, 이 영감이 눈썰미 하나는 있구먼."

두 사람의 대화를 듣고 있던 맛달이는 도대체 무슨 이야기를 하는지 알 수 없었다.

요달 스승이 맛달이에게 말했다.

"이번에는 또 다른 과학요리를 보여 주마."

할머니가 이어서 말했다.

"하루에 너무 많은 것을 가르치는 거 아냐?"

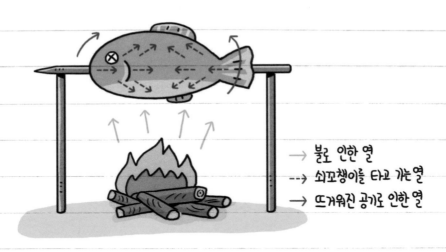

→ 불로 인한 열
--→ 쇠꼬챙이를 타고 가는 열
→ 뜨거워진 공기로 인한 열

할머니가 자신을 살짝 무시하는 것 같아서 맛달이는 기분이 나빴지만 과학 삼겹살 맛의 위력을 떠올리며 참을 수밖에 없었다.

난감해하는 맛달이에게 할머니가 질문했다.

"좋아, 내 질문에 답해 봐라. 큰 고기와 생선을 구울 때 쇠꼬챙이를 사용하는 이유가 뭘까?"

할머니의 질문에 기가 팍 죽은 맛달이는 우두커니 서서 중얼거렸다.

"쇠는 고기나 생선에 닿으면 단백질과 반응하여 달라붙는다는데 왜 굳이 쇠꼬챙이를 사용하려는 걸까?"

할머니가 쇠꼬챙이를 들어 올렸다.

"답을 모르겠어요."

"아니다. 그 정도까지 생각할 수 있다는 것만으로도 대견해."

할머니는 들어 올린 쇠꼬챙이에 생선 한 마리를 통째로 꽂고 불 위에서 쇠꼬챙이를 돌려 가며 익혔다.

"맛달아, 여기에도 과학이 숨어 있단다."

버럭 할머니가 다정하게 맛달이라고 불러 주니 맛달이는 오히려 어색했다. 할머니는 말을 이어갔다.

"그 비밀은, 바로 쇠꼬챙이가 열을 잘 전달하기 때문이다."

"열을 잘 전달한다고요?"

"이 생선은 바깥에서 열을 쬐니까 당연히 겉은 빨리 익기 시작하겠지. 그다음이 쇠꼬챙이의 비밀. 쇠는 열을 잘 전달하니까 열을 받은 쇠꼬챙이가 생선 안쪽까지 열을 퍼트려 따뜻하게 잘 익혀 준단다."

"닭고기나 돼지고기를 구울 때도 쇠꼬챙이에 꽂는 이유가 바로 이런 과학적 원리가 숨어 있어서 그렇군요."

"맛달이의 머리가 이제 트이기 시작했구나."

요달 스승이 맛달이를 칭찬했다.

"이런 비밀이 있어서 집에서 프라이팬에 익혀 먹는 생선보다 저 할멈이 구어 주는

생선이 훨씬 맛있었군. 나도 문제 하나 내지. 꼬치구이에서 쇠와 단백질의 응착으로 꼬챙이가 잘 빠지지 않으면 어떻게 해결할까?"

"나는 알고 있어. 네 제자에게나 물어보시지?"

갑자기 자신에게 불똥이 튀는 것 같아서 맛달이는 당황스러웠다.

'생선과 고기를 열에 구우면 익으면서 단백질이 줄어들어 꼬챙이에 꽉 끼게 된다. 그러면 쇠꼬챙이를 빼기 힘들어지지. 어떻게 하면 될까?'

아무리 생각해도 맛달이는 답을 찾을 수 없었다.

"돌려라!"

할머니가 외쳤다.

"네? 머리를 돌려도 생각이 안 나요."

"이런, 네 머리를 돌리라는 것이 아니라. 쇠꼬챙이를 돌리면 된다는 것이다. 완전히 익기 전에 한번씩 말이다."

"하지만 덜 익은 상태에서 돌리면 안 되지. 과학요리는 언제나 타이밍이 중요하단다."

'돌리면 단백질이 달라붙는 것을 방지할 수 있다? 요리는 과학이 틀림없구나.'

맛달이는 오늘 정말 많이 배운 것 같았다. 비록 할머니가 무섭긴 했지만. 그때 요달 스승이 말했다.

"쇠꼬챙이 구이에서 배울 만한 수학은 없을까?"

요리에 숨은 화학 반응을 탐아라!

"예? 이것과 연관되는 수학이 있나요?"

"하하, 물론. 아주 비슷하면서 재미난 수학이 있지."

할머니가 말했다.

"이 영감이 돌린다는 말에서 힌트를 얻었구먼."

맛달이도 뭔가를 느꼈다.

"아, 회전체! 회전체 아닌가요?"

"맞았어. 역시 내 제자다."

"쳇. 내가 쇠꼬챙이 요리를 잘 가르쳐 주어서 그런 거야."

할머니가 쇠꼬챙이를 들어 보였다.

"이 쇠꼬챙이가 회전축 역할을 하지."

"쇠꼬챙이가 회전축 역할을?"

> • 회전체: 하나의 회전축을 중심으로 평면도형을 1회전 해서 얻어지는 입체
>   도형.
> • 회전축: 회전할 때 축으로 사용하는 직선.

맛달이는 아까 생선 통구이 장면을 떠올리며 회전축을 이해했다.

요달 스승이 몇 가지의 회전체가 만들어지는 장면을 보여 주었다.

"평면도형을 골고루 익히기 위해 회전축으로 회전을 시키면 잘

69

익혀진 입체도형이 만들어지는구나.”

“그렇지, 그게 잘 익었는지 확인할 방법이 수학에도 있어.”

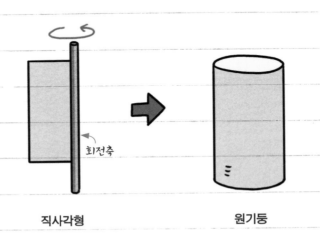

직사각형   원기둥

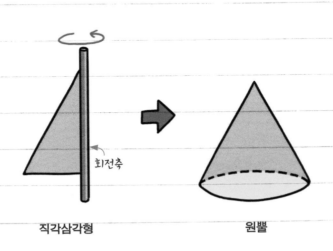

직각삼각형   원뿔

요리에 숨은 화학 반응을 찾아라!

"예? 생선 통구이는 먹어 봐야 알 수 있는데."

할머니가 나서서 말했다.

"영감, 지금 회전체를 평면으로 잘라 보자고 하는 거지?"

"와, 눈치 빠르네."

요달 스승은 다음 입체도형을 여러 방향으로 잘랐을 때, 잘린 단면이 어떤 모양인지 알려주었다.

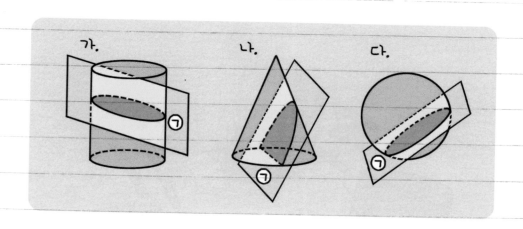

"맛달아, 입체도형이 잘 익었는지 자르는 방법에는 크게 두 가지 방법이 있어. 하나는 회전축을 품으면서 자르는 방법과 나머지 하나는 회전축에 수직인 평면으로 자르는 방법이다."

"꺄악, 할머니 무서워요."

할머니가 엄청나게 큰 칼을 주방에서 들고 나왔다.

벌벌 떨고 있는 맛달이를 보며 할머니는 원기둥의 회전축을 품으며, 즉 위에서 아래로 가운데를 중심으로 큰 칼로 내리쳤다.

원기둥이 반으로 뚝 잘리며 원기둥의 양쪽 ★단면으로 잘 익은 직사각형이 드러났다.

"와, 힘도 좋아. 흐흐."

요달 스승은 맛달이에게 세계 과학요리 대회에 나가려면 다음과 같은 내용을 외워야 한다며 표를 하나 건네줬다.

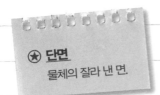

★ 단면
물체의 잘라 낸 면.

요리에 숨은 화학 반응을 찾아라!

원기둥, 원뿔, 구를 자른 단면

자른 방향 \ 회전체	회전축을 품은 평면	회전축에 수직인 평면	그 밖의 방향
원기둥	직사각형	원	불규칙
원뿔	이등변삼각형	원	불규칙
구	원	원	원

퀴즈 3 ||||||||||||||||||||||||||||||||||||||||||||||||||||||||||||||||||||||||||||

고기를 연탄불에 구우면 더 맛있는 이유는?

4 튀김 요리와 입체도형의 겉넓이

"막내야, 있느냐?"

요달 스승은 튀김 전문점에 들어서면서 말했다.

"누가 날 찾아요?"

한 청년이 나왔다.

"아, 스승님."

"아이구, 우리 막내 잘 지냈나 보구나. 잘 조리된 튀김처럼 보기 좋네. 하하하."

깨끗한 기름을 사용하는지 튀김 전문점 안에서 고소한 기름 냄새가 느껴졌다.

요달 스승이 막내에게 물었다. 막내는 맛달이보다 형이었다.

요리에 숨은 화학 반응을 찾아라!

"막내야, 요즘도 세계의 튀김 요리를 연구하고 있느냐?"

"예, 스승님. 저는 튀김을 연구하는 것이 너무 재미있어요. 그리고 그 속에서 수학과 과학의 원리를 발견하는 것도 행복하고요."

옆에 서 있던 맛달이가 화들짝 놀랐다.

'튀김 요리에서 수학과 과학을 발견한다고?'

맛달이가 미처 생각해 보지 못한 과학요리의 영역이었다.

요달 스승이 막내에게 말했다.

"우선, 네가 연구했던 세계의 튀김 요리에 대해 듣고 싶구나."

★ 차새우

마디마다 세로로 진한 색의 띠 모양이 있는데, 그 띠가 마치 마차 바퀴처럼 생겨 차(車)새우라고 한다.

★ 도미

도미과에 속하는 바닷물고기 전체를 말하며 살색이 희고 육질이 연한 것이 특징이다.

"예, 일본 튀김 요리로는 ★차새우 튀김이 있습니다."

"음, 맛있는 튀김 요리가 될 것 같군. 나중에 어떤 수학, 과학을 발견하게 될지 기대가 되는구나. 하하."

"그리고 또 하나로 생선살 튀김도 있어요."

이번에는 맛달이가 군침을 삼켰다.

요달 스승이 말했다.

"일본 요리 말고는 없냐?"

"중국 요리가 있습니다."

"오, 중국! 그래 중국에는 무슨 튀김 요리가 있지?"

"탕수육이 있어요."

"아, 탕수육은 너무 질린다. 그것 말고는 없느냐?"

"닭튀김이 있어요."

"그렇구나. 다른 나라 요리도 있느냐?"

"태국식 ★도미 튀김이 있어요. 이것은 도미 한 마리를 통으로 튀겨 내는 기술이 필요해요."

"음, 생선 뼈까지 익히는 기

요리에 숨은 화학 반응을 찾아라!

술이 필요하겠군."

"역시 스승님이십니다. 수학적으로 칼질하는 기술이 필요하지요."

"서양 튀김 요리는 없느냐?"

서양 튀김 요리라고 하니까 맛달이가 눈이 번쩍 떴다.

"스승님, 서양에도 튀김 요리가 있나요?"

맛달이가 물었다.

"맛달이라고 했니? 서양에도 튀김 요리가 있어.
모차렐라 치즈 튀김이라고 들어 봤니?"

"우와, ★모차렐라 치즈는 알아요. 기름에 튀
기면 녹지 않나요?"

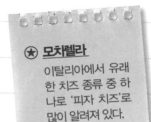

★ 모차렐라
이탈리아에서 유래
한 치즈 종류 중 하
나로 '피자 치즈'로
많이 알려져 있다.

"안 녹게 하는 것이 과학이지."

요달 스승도 막내가 자랑스러운지 팔짱을 끼
고 고개를 끄덕였다.

"막내야, 이제 튀김의 과학에
대해 알고 싶구나. 네가 연구한
것으로."

막내가 맛달이를 가리키며
손가락을 까닥거렸다.

"예?"

"따라와라."

4. 튀김 요리와 입체도형의 겉넓이

맛달이는 막내를 따라 주방으로 갔다.

잠시 후, 맛달이와 막내가 나타났고 그들은 양팔 저울과 두 개의 투명한 액체를 들고 나왔다. 막내가 질문했다.

"이 두 액체 중 하나는 물이고 다른 하나는 기름이에요. 어느 것이 무거울까요?"

요달 스승은 눈을 감으며 말했다.

"맛달아, 네가 대답해 보아라."

"기름이 걸쭉하니까 무겁겠지요."

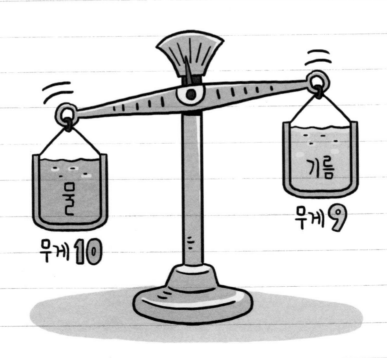

요리에 숨은 화학 반응을 찾아라!

막내가 맛달이에게 양팔 저울 위에 기름과 물을 동시에 올려 보라고 시켰다. 이상하게도 기름이 위로 올라가고 물이 아래로 내려왔다. 그 말은 기름보다 물이 무겁다는 뜻이다.

"맛달이가 틀렸구나. 기름의 무게는 물의 $\frac{9}{10}$야. 그 말은 물의 무게를 1로 두고 이를 10등분 하면 기름의 무게는 10개 중 9개밖에 안 된다는 뜻이지."

"기름이 물보다 가볍구나!"

막내가 설명을 이어갔다.

"튀김 요리에는 많은 과학이 들어 있어. 수분이 빠진 튀김은 결국 떠오르는데 기름의 온도에 따라 떠오르는 속도가 다르단다."

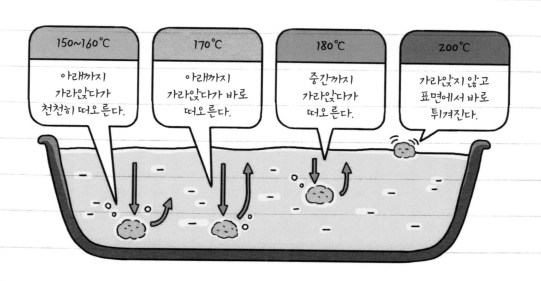

4. 튀김 요리와 입체도형의 겉넓이

요달 스승이 말했다.

"맛달아, 튀김 요리는 재료에 따라 튀기는 온도가 다 다르단다."

이제는 막내가 맛달이에게 물었다.

"맛달아, 생선이나 고기를 튀기기 전에 옷을 입히는 이유를 아니?"

"예? 생선이나 고기에 옷을 입힌다고요?"

"하하. 여기 말하는 옷은 그런 옷이 아니고 튀김옷이라고 해서 밀가루나 녹말가루를 얇게 바르는 것을 말해."

"깜짝 놀랐네. 200℃나 되는 뜨거운 기름이 뭐가 춥다고 죽은 생선과 고기가 옷을 입을까 했어요."

요달 스승이 껄껄 웃으며 말했다.

"그 이유는 내가 말해 주지. 튀김옷을 입히는 이유는 가열된 생선이나 고기에서 수분과 열이 빠져나오는 것을 밀가루 전분으로 막기 위함이야. 그래야 재료 고유의 맛이 달아나지 않거든."

맛달이가 뭔가를 깨달은 듯 고개를 끄덕인다.

"튀김옷은 수학의 괄호 역할을 하는구나. 수학에서 괄호의 역할은 먼저 계산하라는 뜻이잖아요!"

요달 스승은 맛달이의 머리를 쓰다듬어 주며 말했다.

"막내야, 슬슬 배도 고픈데 너의 과학요리를 구경해도 되겠니?"

미리 예상했던 막내가 냄비에 기름을 가득 따라부었다. 가스레인지를 켜고 재료를 손질하며 차새우 튀김을 시작했다.

요리에 숨은 화학 반응을 찾아라!

"새우는 물기가 많아 튀겨 놓으면 쉽게 눅눅해지고, 튀길 때 기름이 여기저기 튀기 쉬우므로 물기를 없애는 것이 중요하단다."

"막내야, 나에게 말한 거냐?"

"아니요. 맛달이에게 알려준 거예요. 하하하."

막내는 우선 새우 등쪽 마디 사이에 이쑤시개를 찔러 넣어 내장을 빼냈다. 그러고는 꼬리 부분을 남긴 채 껍데기를 모두 벗겼다.

갑자기 요달 스승이 말했다.

"여기서 수학 등장! 맛달아, 막내가 새우 껍질을 벗기는 것을 보고 여기서 뭔가 발견하지 못했니?"

맛달이가 생각을 하는 동안 뇌에서는 세포들이 빠르게 움직였다.

"입체도형의 전개도입니다!"

> **입체도형의 전개도**
> 원기둥, 원뿔, 각기둥 등의 입체도형을 펼쳐 놓은 그림.

"그렇지. 새우의 껍질을 벗기는 것은 입체도형을 펼치는 것과 같다. 새우를 삼각뿔이라고 보고 각뿔의 전개도를 보자."

맛달이는 새우의 껍질을 보며 살짝 펼쳐 보았다.

"아. 이게 바로 생생한 전개도구나."

81

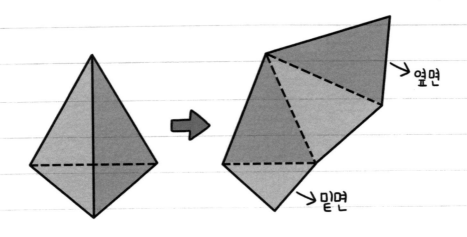

옆면

밑면

요달 스승이 말했다.

"입체도형을 잘 알아야 각종 튀김 재료에 입힐 튀김옷의 넓이를 계산할 수 있지. 튀김옷의 양을 잘 조절하지 못하면 아까운 재료를 낭비하게 된단다. 이 점을 생각하면서 요리를 하거라."

막내가 새우의 물기를 빼고 달걀노른자와 물을 고루 섞은 다음 밀가루를 흩뿌리고서 새우 꼬리를 잡고 튀김옷을 입혔다.

지글지글 기름이 끓기 시작했다. 막내가 튀김옷을 입힌 새우의 꼬리를 젓가락으로 잡고

요리에 숨은 화학 반응을 찾아라!

끓는 기름 속에 넣었다.

"여기서 잠깐 또다시 수학 등장."

요달 스승이 말했다.

'여기서는 등장할 수학이 없어 보이는데.'

막내와 맛달이는 서로 쳐다보며 의아해했다.

"모두 그렇게 놀랄 거 없어. 내가 설명을 해 줄 테니 그림을 잘 봐라."

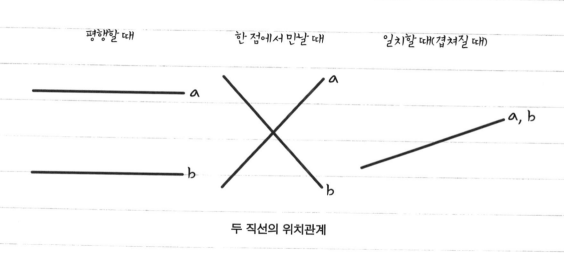

두 직선의 위치관계

"야 이 녀석들아. 이 정도 설명해 주었는데도 아직 감을 못 잡았느냐?"

막내와 맛달이는 동작을 멈추었다. 가만히 있다는 것은 아직 이해하지 못했다는 뜻이다. 요달 스승이 튀김옷을 입힌 새우 꼬리를 쥐

4. 튀김 요리와 입체도형의 겉넓이

고 있던 막내의 손목을 잡으며 소리를 질렀다.

"이거 봐라. 모르겠니?"

앗, 맛달이는 깨달았다.

"알았습니다, 스승님. 나무젓가락을 두 직선으로 보고 젓가락을 이용하여 새우 꼬리를 잡은 것은 두 직선이 한 점에서 만날 때를 이용한 수학입니다."

막내도 가만히 자신의 손목을 쳐다보더니 이해를 했다.

나무젓가락이 교차해서 한 점에서 만나야지 새우 꼬리를 잡을 수 있다.

요리에 숨은 화학 반응을 찾아라!

요달 스승이 다시 말을 했다.

"여기서 과학 공부도 좀 해 볼까?"

배가 고픈 맛달이가 새우튀김을 한 입 먹으려다가 요달 스승의 눈길에 슬그머니 새우튀김을 내려놓았다. 바사삭. 튀김이 놓이는 소리다. 꿀꺽. 이건 맛달이 침 넘어가는 소리.

"기름도 상할 수 있단다. 상한 기름에 튀긴 음식은 몸에 좋지 않아. 그럼 기름이 상했는지 아닌지 아는 방법을 알아보자. 막내야, 너는 알고 있지? 네가 한번 말해 보아라."

"네, 스승님. 저는 튀김 재료를 끓는 기름에 넣어 보면 바로 알 수 있어요. 우선 신선한 기름에 음식 재료를 넣으면 그 주변에만 기포가 생기고 꺼내면 즉시 기포가 사라져요."

"기포?"

"산소 방울 같은 것을 기포라고 해. 만약 재료를 넣기도 전에 냄비 전체에서 잔거품들이 생긴다면 그 기름은 상한 것이 틀림없어."

"또 있지. 상한 기름은 식은 상태에서도 좋지 않은 냄새가 난단다. 그렇다면 기름이 덜 상하게 하는 방법으로는 뭐가 있지, 막내야?"

"네, 스승님. 기름은 사용할수록 나빠질 수밖에 없지만 만약 채소에서 생선 순으로 튀기면 상하는 속도를 좀 줄일 수가 있습니다. 채소는 저온에서 튀기고 생선은 고온에서 튀겨서 열의 차이를 이용하기 때문이지요."

🌡️ 온도 차이를 이용한 튀김 순서

1. 야채 튀김 (저온) → **2.** 새우 튀김 (중온) → **3.** 도미 튀김 (고온)

"막내, 훌륭한데. 그동안 과학요리 수련을 열심히 했구나. 좋아, 그럼 이제 새우튀김 말고 다른 것을 배워 보자."

"스승님, 금강산도 식후경이라고 시식 한번 해 보시죠."

맛달이는 새우튀김을 입에 두 개씩 밀어 넣었다. 튀김이 바삭거리며 씹혔다. 물론 요달 스승의 입도 튀김의 바삭거림을 느끼고 있었다. 그렇게 어느 정도 배가 차자 막내는 다시 뼈째 튀기는 도미 튀김을 준비했다.

"음, 이번에는 우리 막내가 도미 튀김으로 우리에게 무엇을 보여 줄지. 맛달아, 잘 지켜봐라. 수련하는 거란다."

막내는 도미를 전개시키지 않고 바로 ⭐️겉넓이에 녹말가루를 묻혔다.

⭐️ <u>**겉넓이**</u>
입체도형의 겉면 넓이의 합

요리에 숨은 화학 반응을 찾아라!

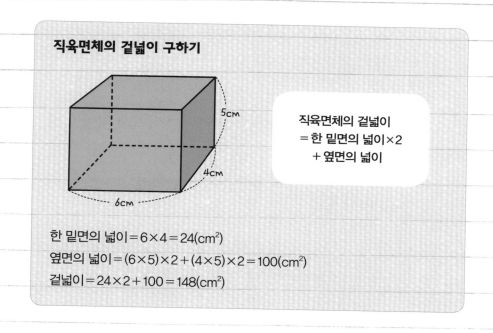

직육면체의 겉넓이 구하기

5cm

4cm

6cm

직육면체의 겉넓이
= 한 밑면의 넓이×2
+ 옆면의 넓이

한 밑면의 넓이＝6×4＝24(cm²)
옆면의 넓이＝(6×5)×2＋(4×5)×2＝100(cm²)
겉넓이＝24×2＋100＝148(cm²)

"만약 도미 한 마리의 겉넓이가 직육면체의 겉넓이라면 얼마만큼 녹말가루를 묻혀야 하는지 알 수 있겠지."

막내는 비늘을 손질하고 도미의 앞뒤에 칼집을 넣었다.

"앗, 스승님 왜 막내 형이 도미에 칼집을 내는 것일까요?"

"과학요리사 지망생인 네가 그것을 생각해야 하는 것 아니냐. 힌트를 주마. 칼집을 넣게 되면 뜨거운 기름에 노출되는 면적이 늘어나지. 왜 그렇게 하는지 알겠니?"

"네, 스승님. 도미를 빨리 골고루 익히기 위해서입니다."

막내가 말했다.

"이때 주의해야 할 점은 튀김 재료를 한꺼번에 많이 넣으면 기름 온도가 내려가 바삭하게 튀겨지지 않으므로 재료는 조금씩 넣어 튀겨야 한다는 것입니다."

"그렇지. 수학 계산을 할 때도 앞에서부터 차례차례 하나씩 계산해야 하듯이."

그렇게 또다시 잘 익은 도미 튀김을 맛있게 먹었다. 어느덧 배가 불러 왔다.

"막내야, 이제 음식은 더 이상 먹고 싶지 않지만 너의 과학요리 실력을 보기 위해 모차렐라 튀김을 보고 싶구나."

그랬다. 맛달이 역시 모차렐라 튀김을 구경하고 싶었다. 치즈를 튀긴다는 것이 신기했기 때문이었다.

막내는 모차렐라 치즈 덩어리를 건져 물기를 제거하고 밀가루 중에서 글루텐 함량이 비교적 낮은 박력분을 묻혔다.

이제 치즈에 입힐 튀김옷을 만들었다. 재료는 밀가루 박력분, 베이킹파우더 그리고 튀김옷에 끈기를 주기 위해 달걀을 넣고 잘 저어 주었다.

"맛있게 튀기기 위해 온도가 중요합니다. 기름의 온도는 180℃. 너무 오래 튀기면 튀김옷 속에서 치즈가 녹아 밖으로 나올 수 있으므로 시간 조절을 잘 해야 합니다."

드디어 모차렐라 튀김이 완성되었다.

요리에 눕은 화학 반응을 찾아라!

"막내야, 아무래도 내 배가 터지는 한이 있어도 이건 먹어야겠구
나."

"하하하하."

모두 맛있게 모차렐라 튀김을 먹었다.

||||||||||||||||||||||||||||||||||||||||||||||||||||||||||||||||||

밥을 꼭꼭 씹어 먹어야 하는 이유는?

5 샌드위치와 지각의 퇴적층

"하이, 요달! 마이 프렌드."

"나보다 두 살 어린 녀석이 계속 반말이네. 허허."

맛달이와 요달 스승은 인천국제공항에서 요달보다 두 살 어린 미국인 과학요리사 빌리를 만났다.

요달 스승은 자신보다 어린 빌리가 툭툭 말을 놓는 것이 싫었다. 하지만 빌리는 그런 요달 스승의 기분을 신경 쓰지 않았다.

"정말 오랜만이야. 요달."

"뭐라고? 한 달 전에 봤잖아."

"오, 이 귀여운 꼬마가 너의 요리 제자 맛달이냐?"

빌리는 맛달이에게 악수를 청했다.

요리에 숨은 화학 반응을 찾아라!

빌리와 맛달이는 요달 스승의 차를 타고 집으로 왔다. 오는 길에도 빌리의 수다는 멈추지 않았다. 과묵할 것 같은 겉모습과 달리 말이 많았다. 빌리는 요달 스승의 집에 도착하자마자 주방으로 향했다.

"마이 프렌드 요달, 나는 미국에서 샌드위치 과학요리를 엄청나게 공부했어."

샌드위치 요리는 간단하게 보여도 정교한 기술을 수련할 수 있는 특징이 있다. 샌드위치라는 명칭은 18세기 후반 영국의 J. M. 샌드위치 백작의 이름에서 유래했다. 트럼프 놀이에 열중한 백작은 식사할 시간도 없었는데, 이를 본 그의 주방장이 육류와 채소류를 빵 사이에 넣어 트럼프 놀이를 하면서 먹을 수 있게 만든 것이 바로 샌드위치다.

"하이, 요달. 나는 샌드위치 만들 때 빵이 아주 중요하다고 생각해. 너는 어때?"

"빵이 중요하지. 근데 네가 반말하는 것이 너무 거슬려."

"나는 말이지, 요달. 샌드위치 만들 때 빵을 직접 만들어. 그리고 그곳에서 수학과 과학을 찾아

5. 샌드위치와 지각의 퇴적통

보았지."

"그래? 미국에서 공부 좀 했나 보네."

"당연하지. 내가 그동안 연구한 과학 샌드위치를 보여 줄게. 그래서 말이지, 너의 주방에서 재료를 좀 챙겨서 장소를 이동하자."

"또 무슨 엉뚱한 짓을 꾸미려고."

"오 노, 따라와 보면 알아."

요리에 숨은 화학 반응을 탐아라!

맛달이와 요달 스승이 빌리를 따라간 곳에는 ★절벽이 있었다. 온통 암벽으로 둘러싸인 곳이었다.

빌리는 암벽 밑에서 간이 주방을 꾸리며 휘파람을 불었다.

"여하튼 특이한 녀석일세."

"오, 요달, 맛달. 나의 요리가 그렇게 궁금하니?"

"아니, 하나도 안 궁금해."

"음, 몹시 궁금해하네. 내가 지금부터 만들 요리는 삼색 샌드위치로 제법 화려한 모양이야. 그리고 이 샌드위치로 과학을 설명할 거야."

빌리는 재료로 감자와 오이, 당근을 준비했다. 치즈 몇 장을 세고 있던 빌리가 소리쳤다.

"오 마이 갓! 마요네즈가 없다. 오 노, 맙소사!"

빌리가 놀라는 모습을 보니 이 샌드위치를 만드는 데 마요네즈가 필수인 것 같았다.

잠자코 보고 있던 요달 스승이 말했다.

"답답하기는……. 마요네즈를 만들면 되잖아."

"굿, 마요네즈 만들 줄 아니?"

"이 녀석 과학요리사 맞나. 답답한 녀석이네."

요달 스승이 나서서 달걀노른자를 준비했다.

"맛달아, 여기에 있는 올리브유와 식초를 좀 섞어다오."

요달 스승의 지시에 따라 맛달이는 올리브유와 식초를 섞기 시작했다. 그런데 무슨 이유인지 기름과 식초는 섞이지 않았다. 그 모습을 보던 요달이 웃었다.

"킥킥. 둘이 잘 안 섞이지? 그건 두 물질의 분자 성질이 달라서 그래."

이때 빌리가 나서며 말했다.

"오, 요달 개구쟁이. 그렇게 어려운 일을 맛달이에게 시키다니."

"나보다 두 살 어리면서 나보고 개구쟁이래."

씩씩대는 요달 스승을 모른 척하며 빌리가 맛달이에게 말했다.

"맛달, 섞이지 않는 기름과 식초를 섞으려면 달걀노른자를 넣으면 된단다."

그 말을 들은 맛달이 기름과 식초가 담긴 그릇에 달걀노른자를 넣었다. 그리고 빌리의 말대로 힘껏 저어 보니 기름과 식초가 섞이기 시작하며 마요네즈 비슷한 것이 만들어지기 시작했다.

"빌리, 정말 신기하네. 그렇게 따로 놀던 기름과 식초가 섞이다니."

★ 레시틴
세포막을 구성하는 주요 성분으로 세포 속의 수분을 조절한다.

"굿, 달걀노른자에 있는 ★ 레시틴이라는 성분이 그 둘을 달라붙게 만들어 주었지."

"우와, 레시틴이 바로 수학의 연산에서 +, −,

요리에 숨은 화학 반응을 찾아라!

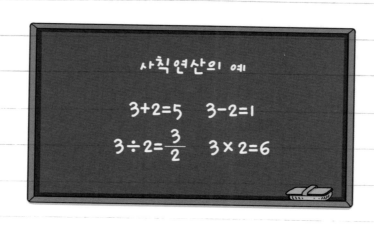

×, ÷ 같은 사칙연산 역할을 하는군요."

빌리가 엄청난 속도로 오이와 당근을 손질했다. 그의 손놀림이 보이지 않을 정도로 빨랐다. 정사각형의 식빵을 앞뒤 고르게 구우며 빌리가 말했다.

"멋진 식빵을 만들기 위해 식빵 선탠!"

"야, 이놈의 빌리야. 식빵을 굽는다고 하면 되지. 말을 되게 경망스럽게 하네."

맛달이는 빌리가 은근히 재미있었다.

잘 구운 정사각형 식빵 위에 버터를 잘 발라 주었다.

"잘 선탠한 식빵의 피부가 상하지 않도록 골고루 모두 발라 줘야 식빵의 피부가 안정을 취하지. 안 그래, 맛달? 하하하."

빌리가 이번에는 오이와 당근에 잘 만들어진 마요네즈를 듬뿍 얹어 고루 섞었다. 고소함이 느껴졌다.

식빵의 정사각형보다 작은 정사각형 모양의 치즈를 식빵에 올리고 그 위에 지층을 만들듯이 오이 샐러드를 얹어 고루 발라 주었다. 그리고 또 다른 지층으로 식빵을 하나 더 덮고, 치즈를 깔고, 감자 샐러드를 발라 주고, 다시 식빵으로 덮고, 당근 샐러드로 또 다른 지층을 만들었다. 이제 그들이 푹 쉴 수 있도록 마지막에 식빵으로 덮어 주었다.

"오 마이 갓! 완성!"

완성된 샌드위치를 요달 스승이 먹으려고 하자 빌리가 손을 내저었다.

"스톱! 학습 도구를 먹으려고 하다니 요달, 무식하다."

"이 녀석이 또 뭔 소릴 하는 거냐. 학습 도구라니."

"나는 이 샌드위치로 맛달에게 분수를 가르칠 거야."

요달 스승이 뭔가를 깨달았는지 빙긋 웃었다.

"오, 그렇군. 샌드위치와 분수. 그것 멋지네. 녀석 가끔씩 기특한 데가 있어."

"요달의 칭찬은 날 기쁘게 해."

하지만 아직 맛달이는 샌드위치와 분수가 어떤 관계에 있는지 알지 못했다. 그런 맛달이의 표정을 읽은 빌리가 말했다.

"마이 프렌드 맛달."

요리에 숨은 화학 반응을 찾아라!

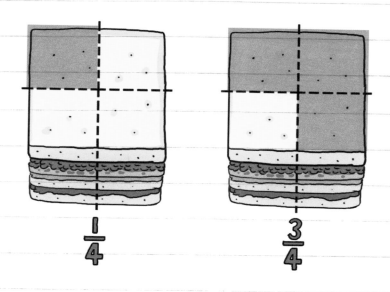

$$\frac{1}{4} \qquad \frac{3}{4}$$

"저 놈은 아무나 보고 친구래."

"헤이, 맛달. $\frac{3}{4}$은 $\frac{1}{4}$이 몇 개인지 알아?"

"네, $\frac{1}{4}$은 전체를 똑같이 4로 나눈 것 중의 1개이고요. $\frac{3}{4}$은 전체를 똑같이 4로 나눈 것 중의 3개입니다. 그래서 $\frac{3}{4}$은 $\frac{1}{4}$이 3개 모이면 돼요."

"베리 굿. 짝짝짝. 잘했어 맛달. 역시 요달의 제자군."

빌리가 정사각형의 샌드위치를 가지고 와서 다음과 같이 잘랐다.

빌리가 만든 삼색 샌드위치가 정말 맛있어 보였다.

"요달이 $\frac{1}{4}$ 조각, 맛달이 $\frac{1}{4}$ 조각. 나, 빌리는 몸의 부피가 크므로 공평하게 $\frac{2}{4}$ 조각이다."

요달 스승이 버럭 화를 냈다.

"내가 너보다 나이가 두 살 많은데 왜 내가 너보다 한 조각이 적은 $\frac{1}{4}$ 조각이야? 너는 $\frac{1}{4}$이 2개인 $\frac{2}{4}$ 조각이고."

벌겋게 달아 오른 요달 스승의 얼굴 가까이에 빌리가 붉은 당근을 갖다 댔다.

"퍼펙트! 완전 똑같아. 요달 얼굴 당근."

요달 스승이 더욱 화가 나서 한마디 하려는데 빌리가 샌드위치를 입에 넣어 주었다.

"음, 샌드위치 진짜 맛있구나."

"요달, 침착해. 내가 농담했어. 모두 $\frac{1}{4}$ 조각씩 먹고 나머지 한 조각은 학습 도구로 쓰자."

그렇게 해서 정말 맛있는 샌드위치를 각각 $\frac{1}{4}$ 조각씩 먹었다. 입 안에서 살살 녹는 샌드위치였다.

맛달이는 과연 남은 한 조각의 샌드위치로 빌리 아저씨와 어떤 공부를 하게 될지 궁금해졌다.

콜라까지 기분 좋게 마신 요달 스승이 말했다.

"꺼억, 빌리 이제 샌드위치로 과학 공부 좀 해 봐야지."

"오케이, 요달. 준비됐니, 맛달?"

빌리의 말에 맛달이는 뭘 준비하라는 건지 모르겠다는 표정을 지었다.

요리에 숨은 화학 반응을 탐아라!

"맛달, 우리 주변에 있는 자연 속 샌드위치를 찾아봐."

주변을 쓱 둘러봐도 맛달이는 도통 빌리가 무슨 말을 하는지 알 수가 없다.

"주변에는 온통 암벽이고 지층으로 둘러싸여 있을 뿐이에요."

빌리가 놀라면서 말했다.

"오, 서프라이즈! 그렇게 답을 한 번에 맞히다니!"

요달 스승도 박수를 치며 맛달이를 칭찬했다.

맛달이는 지금 상황이 어떻게 된 것인지 몰라 어리둥절했다.

"하하하, 샌드위치를 닮은 자연으로 여러 종류의 퇴적물이 차곡차곡 쌓여 이루어진 지층을 생각했는데 어떻게 그렇게 단번에 맞혔지? 놀라워."

여러 재료를 겹쳐 만든 샌드위치와 닮은 퇴적층의 모습

"네? 그건 제가 맞힌 게 아니라……."

요달 스승과 빌리가 맛달이의 생각을 알아채고 마냥 웃었다.

"어찌 되었든 퇴적물이 쌓여 있는 지층의 단면은 샌드위치의 단면과 아주 비슷하지."

이제 요달 스승이 말했다.

"빌리의 말대로 이제 우리는 샌드위치처럼 퇴적물이 쌓여 있는 지층에 대해 공부해 보자."

빌리가 말했다.

"맛달아, **퇴적물이란 샌드위치 사이사이에 쌓여 있는 재료들처럼 쌓여 있는 물질을 말해. 자갈, 모래, 점토와 같은 물질을 퇴적물이라고 하고 이러한 퇴적물이 쌓인 암석이 퇴적암이지.** 치즈, 양상추, 샐러드가 쌓이면 샌드위치고. 하하하."

요달 스승이 말했다.

"알갱이의 크기에 따라 퇴적물과 퇴적암을 분류해 보았다, 맛달아. 알아두면 좋을 것이야. 단, 1cm는 10mm란 걸 잊지 말고. 수학은 단위를 잘 비교해야 해."

"오, 굿! 단위가 중요해."

"어른이 말씀하는데 따라 하지 마라. 버르장머리 없는 녀석아."

"노! 나 버르장머리 있어."

요리에 숨은 화학 반응을 찾아라!

알갱이의 크기에 따른 퇴적물과 퇴적암의 분류

알갱이의 지름	퇴적물		퇴적암	
256mm 이상	자갈	왕자갈	역암(각력암)	
64~256mm		큰자갈		
4~64mm		중자갈		
2~4mm		잔자갈		
0.02~2mm	모래		사암	
0.02~0.002mm	이토	실트	이암, 세일	실트암
0.002m 이하		점토		점토암

이번에는 빌리가 주변의 퇴적암 지층을 손으로 가리키며 말했다.

"샌드위치도 각각 종류가 다른 조각들이 쌓여 있지. 그래서 내가 장소를 이곳으로 오자고 한 거다, 요달."

"그래. 똑똑하군."

"그런데 스승님, ★수평으로 쌓인 지층이 휘어져 있는 이유는 무엇인가요?"

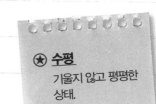

★ 수평
기울지 않고 평평한 상태.

빌리가 샌드위치를 가지고 오더니 손가락으로 가운데 밑 부분을 푹 찔러 위로 올라오게 했다. 보드라운 샌드위치가 위로 불룩하게 솟아올랐다.

수평으로 쌓인 지층이 지각 변동으로 휘어진 모습

"맛달아, 수평으로 쌓인 지층이 휘게 된 건 지구 내부의 어떤 힘 때문이란다."

"지구 안의 힘이요?"

"그래. 예를 들자면 화산, 지진 같은 지각 변동을 일으키는 힘 말이다."

빌리가 또다시 샌드위치를 손가락으로 찔러 올리며 설명했다.

"이렇게 샌드위치를 찌르는 나의 손가락이 지구 내부의 힘과 같은 거지. 하하하."

손가락으로 찔러 올린 샌드위치를 칼로 자르자 휘어진 단층 같은

요리에 숨은 화학 반응을 탐아라!

모양의 샌드위치 단면이 나타났다. 아까 서로 먹겠다고 하던 그 샌드위치가 휘어진 습곡의 단면 모양으로 재탄생했다. 하지만 빌리의 손으로 찔러 올려 만들어진 습곡의 샌드위치는 아무도 먹으려 하지 않았다.

'빌리! 샌드위치와 퇴적물 쌓인 지층에 대해 잘 배웠어요.'

퀴즈 5 ||||||||||||||||||||||||||||||||||||||||||||||||||||||||||||||

지구의 나이를 어떻게 알 수 있을까?

6 양념 전쟁

　　요달 스승과 맛달이는 주방에서 라면을 이용해 과학요리를 연구

하고 있었다. 이때, 갑자기 맛달이 또래의 여자아이가 얼굴에 피를

흘리며 주방으로 뛰어들어 왔다. 자기 앞에서 푹 쓰러진 여자아이

를 보며 맛달이는 어찌할 바를 모르고 있는데 요달 스승은 태연한

목소리가 말했다.

　　"까나리 왔느냐. 또 케첩으로 장난치면 혼날 줄 알아라!"

　　그 말에 쓰러져 있던 여자아이가 일어나 얼굴에 묻은 케첩을 소매

로 쓱 닦았다.

　　'뭐야, 이 녀석의 정체는.'

　　주방에서 요리를 마치고 나온 요달 스승 앞으로 여자아이가 다가

요리에 숨은 화학 반응을 찾아라!

서며 물었다.

"할아버지. 라면 연구했어요? 나 배고파요."

윽, 케첩을 얼굴에 발라 맛달이를 놀라게 한 이 여자아이의 정체
는 요달 스승의 손녀 까나리였다. 얼굴에는 장난기가 가득했다.

맛달이는 요달 스승이 연구한 라면을 까나리와 함께 맛있게 먹었
다. 면발을 윗니와 아랫니 사이로 통과시키며 입술을 스치는 면의
움직임을 느끼고 있자니 마치 라면의 신세계를 맛보는 것 같았다.

"스승님, 면발이 운동장을 뛰어노는 개구쟁이들 같아요."

"국물을 한번 먹어 보아라."

맛달이가 요달 스승이 만든 국물을 마셨다. 까나리도 같이 국물을 마
셨다.

"우와, 목구멍을 소용돌이치며 내려가는 이 맛! 입천장을 실로폰
으로 두드리는 감칠맛! 국물이 끝내줘요!"

"나만의 향신료 비율을 적용해 국물을 우려냈지."

비율이란?

어떤 수량(비교하는 양)의 다른 수량(기준량)에 대한 비의 값. 두 수의 양을 쌍
점(:)으로 나타낸다. 예를 들어 1:2는 두 배로 늘어난다는 뜻이고, 2:1은 반
으로 줄어든다는 의미다.

　요달 스승이 끓인 라면 맛에 놀라 입을 벌리고 있는 맛달이에게 까나리가 물총을 쏘았다. 근데 까나리가 쏜 물총 속에 든 액체는 물이 아니었다. 코끝이 찡해지더니 급기야 맛달이는 눈물을 흘렸다.

　"으악!"

　맛달이의 비명에 요달 스승이 깜짝 놀랐다.

　"아무리 내가 만든 라면이 맛있다고 해도 눈물과 비명으로 답할 이유는 없어."

　말은 못 하고 맛달이는 손사래를 쳤다. 그때, 요달 스승이 뭔가를 느끼고 까나리를 쳐다보았다. 까나리가 들고 있는 물총을 보며 짐작했다.

요리에 숨은 화학 반응을 찾아라!

"까나리, 너 어서 맛달이에게 해독제를 주지 않으면 혼날 줄 알아."

"무슨 남자아이가 매운 것도 못 먹니?"

맛달이를 구박하면서 까나리가 뜨거운 차를 건넸다.

"삼키지 말고 입에 물고 있어. 곧 괜찮아질 거야."

요달 스승이 까나리의 말을 듣고 녀석이 맛달이에게 쏜 향신료가 ⭐고추냉이라는 것을 알았다.

"맛달이를 괴롭힌 정체는 바로 이 녀석이다."

요달 스승은 아무렇지 않게 고추냉이를 한 입 베어 먹었다.

"우악, 스승님 맵지 않나요?"

"하하하. 잘도 속는구나. 고추냉이는 통째로 씹어도 매운맛이 느껴지지 않아. 너를 울린 매운맛 성분은 ⭐시니그린이란 것인데 고추냉이를 강판에 갈 때 생긴단다."

요달 스승이 고추냉이를 강판에 갈며 말을 이어갔다.

"고추냉이는 강판에 갈리면서 매운맛

⭐ **고추냉이**
한국, 일본 등지에 사는 풀로 땅속줄기를 양념이나 약재로 쓴다.

⭐ **시니그린**
무, 갓, 겨자, 고추냉이 등이 갖고 있는 찡하고 알싸한 매운맛을 내는 성분.

고추냉이

이 생겨난단다. 맛달이를 위해 '에라토스테네스의 체'를 가르쳐 줘야겠군."

"에라토스테네스의 체?"

궁금해하는 맛달을 보며 까나리가 말했다.

"그래, 소수를 찾아내는 수학의 강판, 즉 체를 말하지. 소수가 뭔지 아니?"

살짝 기분이 나빠진 맛달이가 소수에 대한 설명을 늘어놓았다.

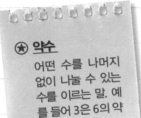

★ 약수
어떤 수를 나머지 없이 나눌 수 있는 수를 이르는 말. 예를 들어 3은 6의 약수다.

"물론이죠. **소수는 ★ 약수가 1과 자기 자신뿐인 수를 말하죠.** 예를 들어, 2의 약수는 1과 2로만 나누어지니까 2는 소수고, 3도 그렇고 5도 마찬가지입니다. 하지만 9의 약수를 구해 보면 1, 3, 9로 1과 자기 자신 이외에도 3이라는 수로 나누어지니까 이 수는 소수가 아닙니다."

"오, 매운 것도 못 먹는 녀석이 수학 실력은 제법인데?"

까나리가 맛달이의 설명에 놀랐다.

"에라스토테네스라는 수학자가 소수를 쉽게 구할 수 있는 체를 만들었단다."

'뭐 자연수들을 갈아서 소수만 가려 낸단 말이지? 강판에서 고추냉이의 매운맛을 찾듯이!'

맛달이는 고추냉이 강판과 에라토스테네스의 체가 어떻게 연결

요리에 숨은 화학 반응을 찾아라!

될지 궁금했다.

까나리가 말했다.

"소수에는 1이 들어가지 않지."

"왜?"

"그렇게 약속을 했기 때문이야. 약속은 중요한 거야."

"그래, 까나리 너도 더 이상 심한 장난을 치지 않는다고 약속하고 에라토스테네스의 체를 공부하자. 일단 1부터 30까지의 자연수 중

이와 같이 소수를 구하는 방법을 에라토스테네스의 체라고 한다.

에서 소수를 찾아보자. 에라토스테네스의 강판을 이용해서."

"까나리야, 일단 너부터 시작해 보자."

"예, 할아버지. 1은 소수가 아니라서 지워요."

"좋았어. 그다음 2는 소수이므로 남기고, 나머지 2의 배수들은 모두 지운다. 서서히 고추냉이가 강판에 갈리듯이 매운 소수들이 남기 시작하네."

이때, 맛달이도 나서며 말했다.

"스승님, 저도 해 보겠습니다. 3은 소수이므로 남기고, 3의 배수를 모두 지웁니다."

"아이쿠, 점점 소수의 매운맛이 드러나네. 이와 같은 방법으로 계속하여 지우면 지독하게 매운 소수만 남는다."

"맞아요, 할아버지. 그렇게 해서 남는 소수들이 2, 3, 5, 7, 11, 13, 17, 19, 23, 29예요."

"음, 지독하게 매운 소수 냄새가 여기까지 날아오는 듯하구나."

맛달이는 에라토스테네스 역시 아주 강력한 수학자라는 것을 느꼈고 소수의 단단히 매운맛에 또 한 번 놀랐다.

'소수는 1보다 큰 자연수 중에서 1과 그 수 자신만을 약수로 가지는 수.'

고추냉이를 갈면 아주 강한 매운맛이 살아나듯이 에라토스테네스의 체에 자연수를 갈아 버리면 소수라는 단단한 매운맛이 남는다.

요리에 숨은 화학 반응을 찾아라!

맛달이는 고추냉이의 매운맛 때문에 소수에 대해 영원히 잊지 않을 것이다. 또 하나 중요한 사실은 까나리가 했던 말이다.

"1은 소수도 ⓧ합성수도 아니야. 왜? 이건 약속이니까. 수학에서 약속은 아주 중요해."

까나리가 말했다.

"2는 소수 중에서 가장 작은 수야. 그리고 이제껏 발견된 소수 가운데 유일하게 짝수지."

맛달이는 까나리가 수학을 잘한다고 생각했다.

요달 스승은 설탕을 사러 가겠다면서 마트로 갔다.

까나리와 같이 있게 된 맛달이.

'까나리와 둘이 함께 있는 건 좀 불안한데.'

가만히 있는 맛달이에게 까나리가 말했다.

"너, 콜라 좀 마실래?"

"응."

까나리가 맛달이에게 콜라를 건넸다.

"자, 마셔. 맛있어."

"우엑."

단숨에 들이켜다가 깜짝 놀란 맛달이는 화장실로 달려가 다 뱉어냈다. 맛달이는 또 까나리에게 속았다. 까나리가 콜라라고 준 것은

ⓧ 합성수
1과 자신 이외의 약수를 가진 수.

111

콜라처럼 까만 간장이었다.

마트에서 돌아온 요달 스승이 맛달이의 얼굴을 보며 물었다.

"너, 갑자기 얼굴이 핼쑥해졌네. 무슨 일이 있었니?"

"……."

"혹시 까나리가 또 무슨 장난을 한 거니?"

"……."

요달 스승이 냉장고 문을 열어 보며 물었다.

"아까 콜라병에 담아 둔 간장은 어디 있지?"

까나리가 말했다.

"잘 몰라요. 아마 한 사람의 입속에 잠시 머물다가 변기를 통해 어딘가로 사라졌을 거예요."

"까나리야. 너는 간장이 뭐로 만들어졌는지 알고 있느냐?"

"당연하죠. 간장은 콩으로 만들지요."

"그래, 간장에 대해 알아보자."

"간장은 콩으로 만든 ★메주를 소금물에 담가 발효시켜 만든단다. 담은 지 1년 이내의 간장을 햇간장, 3~4년 묵은 간장을 중간장, 5년 정도 묵은 간장을 진간장

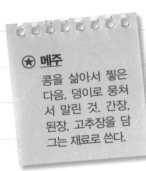

★ 메주
콩을 삶아서 찧은 다음, 덩이로 뭉쳐서 말린 것. 간장, 된장, 고추장을 담그는 재료로 쓴다.

요리에 숨은 화학 반응을 찾아라!

이라 하지. 청장이라고도 부르는 햇간장은 국, 찌개, 나물의 간을
맞출 때 사용하고 찜, 조림, 포, 육류의 양념에는 진간장을 사용한
다. 조심할 것은 간장의 색깔이 콜라랑 비슷해서 혼동해 마시면 큰
일 난다는 거지.”

“…….”

“할아버지, **간장은 냉장고에서 잘 얼지 않아요. 그 이유는 간장의
어는점이 물보다 상당히 낮기 때문이에요.** 맞죠?”

“그렇지. 그게 한겨울에 장독대 안에 있는 간장이 얼지 않는 이유
이기도 하지.”

“…….”

“이상하네. 맛달아, 너는 간장에 대해 알고 있는 것이 없니? 아까
부터 아무 말이 없구나.”

“할아버지, 맛달이는 간장을 너무 사랑하나 봐요. 그래서 할 말이
별로 없나 봐요.”

요달 스승이 마트에서 사 온 설탕을 꺼내며 대화 주제를 바꿨다.

“이제 설탕에 대해 공부하자구나.”

맛달이가 설탕 한 주먹을 입안에 털어 넣었다.

그때, 요달 스승이 큰소리로 말했다.

“맛달아, 잠깐만! 까나리가 보이지 않아.”

“우우우우엑.”

맛달이가 또다시 뱉어냈다.

"까나리, 어디 있어? 너 이 녀석, 또 소금과 설탕을 바꿔치기 했지!"

까나리가 나타나며 빙긋 웃었다.

"아니에요. 저도 설탕인지 소금인지 잘 몰라서 그만."

요달 스승이 까나리의 능청스러움에 의심을 품었다.

벌써 소금을 삼킨 맛달이는 절인 배추처럼 축 처졌다. 온몸의 힘이 다 빠진 맛달이를 요달 스승이 의자에 앉혔다. 불쌍한 맛달이는 까나리에게 화낼 힘도 남아 있지 않았다.

"설탕과 소금은 대표적인 조미료다. 이렇게 된 거 설탕과 소금에 대해 알아보자."

요달은 그릇에 설탕과 소금을 따로 담았다.

"까나리야. 설탕과 소금을 맛보지 않고 알아낼 수 있는 방법을 말해 보거라."

까나리는 국자를 가져와서 한쪽에는 설탕을 다른 한쪽에는 소금을 넣고 불로 가열해 보였다.

"설탕은 불에 금방 녹지만 소금은 불에 녹지 않아요."

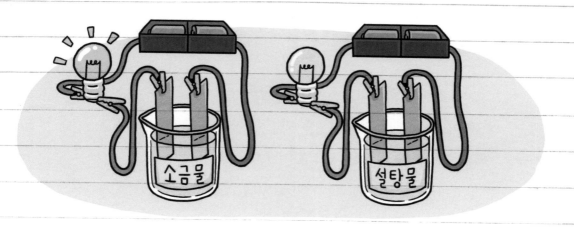

"그래, 잘 알고 있구나. 또 다른 차이는?"

이제 정신이 들었는지 맛달이가 말했다.

"소금물에 연결한 꼬마전구는 밝게 불이 들어오고, 설탕물에 연결한 꼬마전구는 불이 들어오지 않아요."

"왜 그렇지?"

"전기를 흐르게 하는 입자가 소금물에는 있고 설탕물에는 없기 때문입니다. 이렇게 전기를 흐르게 하는 전하를 띤 입자가 바로 ⊛이온입니다. 소금은 물속에서 이온으로 있는데, 설탕은 이온이 없어요."

까나리가 얄밉게 말했다.

"잘 아는 녀석이 소금을 그렇게 막 집어 먹어?"

⊛ **이온**
전하를 띤 입자. (+) 전하를 띤 입자를 양이온, (−)전하를 띤 입자를 음이온이라고 한다.

"까나리, 네가 범인이지?"

"……."

요달 스승이 까나리를 노려보며 말했다.

"만약 이 문제를 맞히지 못하면 맛달이를 괴롭힌 벌로 혼날 줄 알아라. 단팥죽에 소금을 넣으면 어떻게 될까?"

까나리가 안도의 한숨을 쉬며 답했다.

"네, 할아버지. 더 달아져요."

"음, 잘했다. 이번에는 특별히 용서해 줄 테니 더 이상 맛달이를 괴롭히지 마라."

"네, 그런데 왜 더 달아질까요?"

"소금과 설탕의 맛의 대비 효과라고 볼 수 있다. 수박에 소금을 살짝 뿌리면 수박의 단맛이 한층 더 강해지지. 맛의 대비 효과와 같은 것은 수학에도 있단다."

"수학에도 있다구요?"

"그래, ★수직선 위에서 그 효과를 볼 수 있어."

"혹시 중학교에서 배우는 절댓값 효과 아닌가요?"

맛달이가 중학교 수학 이야기를 하니까 까나리는 살짝 기가 죽었다.

"맛달이가 훌륭하구나. 그래, 네가 알고 있는 절댓값에 대해 말해

★ **수직선**
일정한 간격으로 눈금을 표시하여 수를 대응시킨 직선.

요리에 숨은 화학 반응을 찾아라!

보고 맛의 대비 효과랑 견주어 설명해 보아라."

"네, 스승님. 0을 제외한 대부분의 수는 반드시 두 종류가 쌍으로 있습니다. +2, −2처럼요."

"그렇지. 양의 부호(+) 2와 음의 부호(−) 2가 있지."

"하지만 두 수에 절댓값 기호를 붙이면 같아집니다. **양 또는 음의 부호를 떼어 버린 수를 절댓값이라고 합니다.**"

까나리가 질문을 던졌다.

"절댓값 기호가 뭐야?"

"응. 기호로는 | | 이렇게 쓰는데. +2에 절댓값 기호를 씌우면 |+2|=2가 되고, −2에 절댓값 기호를 씌우면 |−2|=2로 나타낼 수 있어. +2도 −2도 절댓값 기호를 붙이면 부호가 똑 떨어지게 되는 거야."

"너 대단하구나. 근데 그거랑 맛의 대비 효과랑 뭔 상관이야?"

까나리가 물었다.

"+2와 −2는 분명히 반대의 맛이야. 그림으로 보여 줄게."

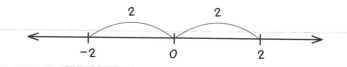

|−2|=2, |+2|=2

"절댓값의 값은 같지만 +2와 −2는 정반대에 위치해 있어. 그래서 서로 간의 실제 거리는 4가 돼. 맛의 대비 효과가 정반대의 성질로 효과를 노린 것과 같아."

맛달이의 설명에 까나리는 절댓값의 대비 효과가 무엇인지 알게 되었다.

요달 스승이 팔짱을 끼며 말했다.

"소금과 설탕을 공부하면서 농도에 대한 공부를 안 할 수 없지."

농도라는 말에 까나리와 맛달이는 동시에 얼음이 되었다. 수학을 공부하는 학생치고 농도를 무서워하지 않는 학생이 있으랴.

농도란?

액체나 혼합기체가 얼마나 진하고 묽은지를 수치적으로 나타내는 방법.

"이 정도 때문에 무서운 게 아니지. 농도를 알려면 퍼센트를 공부해야 한단다. 맛달아, 3%를 분수로 나타내 보아라."

"네, 스승님 %(퍼센트)는 어떤 양이 전체에 대해 100분의 얼마가 되는지를 나타내는 기호이므로 3%는 $\frac{3}{100}$ 이라는 분수로 나타낼 수 있습니다."

옆에 있던 까나리가 말했다.

요리에 숨은 화학 반응을 찾아라!

"$\frac{3}{100}$을 소수로 나타내면 0.03이 돼. 소수점 뒤, 수의 개수는 분모의 0의 개수와 똑같아."

"그렇지. 그런 거 시험에 잘 나오지."

요달 스승이 칠판에 다음과 같이 썼다.

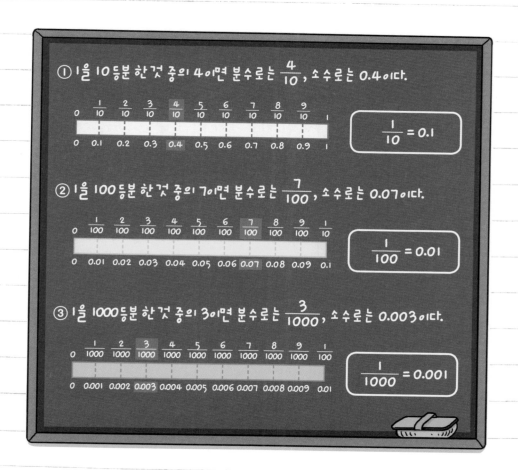

"우와! 할아버지, 이 표만 잘 이해해도 농도는 쉬워지겠어요. 이제 우리 밥 먹으러 가요."

요달 스승이 도망치려는 까나리의 목덜미를 잡아챘다.

"어딜 빠져나가려고. 아직 농도는 시작도 안 했어."

붙잡힌 까나리는 다시 얼음이 되었다.

"자, 눈 부릅뜨고 잘 들어. **전체의 용액 속에 녹아 있는 용질의 질량을 백분율(%)로 나타낸 용도를 퍼센트 농도라고 해.**"

"용액? 용질? 할아버지 너무 어려워요."

"음, 알았어. 그 용어부터 잘 설명하지. **설탕을 물에 녹이면 설탕물이 되지. 맞지? 이 경우, 설탕처럼 녹아 있는 물질을 용질, 물처럼 설탕을 녹인 액체를 용매라고 한다.**"

"그러니까 녹는 자는 용질, 녹이는 자는 용매!"

"그리고 **설탕물처럼 용질이 용매에 녹아 있는 액체를 용액이라고 하지.**"

까나리와 맛달이는 멍한 표정을 짓고 있었다. 두 사람을 본 요달 스승이 껄껄 웃었다.

"그래, 이제는 과학의 농도는 그만 배우고 수학식으로 농도 구하는 공식만 간단히 하고 마치자. 하하하."

요달 스승이 설탕 25g과 물 100g을 가지고 왔다.

"이것으로 농도를 알아보자. 설탕물을 예로 들어 농도를 구해 보지."

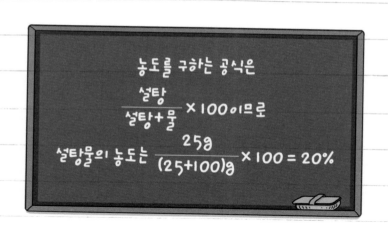

요달 스승이 공식을 적고 돌아보니 어느새 까나리와 맛달이는 달
아나고 없었다.

||||||||||||||||||||||||||||||||||||||||||||||||||||||||||||||||||||||||

김치와 같은 발효식품에 대해 조사해 보자.

7 야태 볶음밥 요리 대결

"우와, 저 산더미같이 진열된 과자 좀 봐!"

맛달이는 신이 났다.

지금 맛달이와 요달 스승이 온 곳은 대형 마트다. 좋아하는 과자들이 잔뜩 있어 신이 난 맛달이는 눈을 크게 떴다. 맛달이가 진열된 과자에서 눈을 떼지 못하자 요달 스승은 맛달이의 귀를 잡아당겼다.

"아야!"

"가 볼 곳이 있다. 과자 그만 보고 가자."

요달 스승이 맛달이를 데리고

요리에 숨은 화학 반응을 찾아라!

간 곳은 마트 안에 있는 시식 코너였다. 도착하자마자 요달 스승은 이쑤시개로 시식 음식을 하나 집어 먹었다.

"맛달아, 너도 먹어 보아라."

"어!"

맛달이는 시식 코너에서 음식을 조리하고 있는 아줌마를 보고 깜짝 놀랐다. 몇 년 전 미국에서 왔다는 그녀는 한국말을 아주 잘했다. 놀란 맛달이를 보며 아줌마가 웃으며 말했다.

"얘, 놀라지 마라. 이제 세계가 하나인 시대인데 시식 코너에 내가 있다고 그렇게 놀랄 건 없잖니. 내 이름은 잭슨. 요달 스승과는 아주 오래 전부터 알고 지내는 친구야. 그렇지, 미스터 요달?"

"내가 너보다 나이가 많으니 오빠라 부르라고 했잖아!"

"오, 아이 엠 쏘리, 마이 브라더."

맛달이는 이 상황에 적응이 안 됐다. 한국 마트에서 미국인이 일하고 있다니. 그리고 이 아줌마가 만들고 있는 요리가 중국식 볶음이라니.

"맛달아, 볶음 요리는 이미 내가 너에게 엄청 가르쳤지?"

"네, 볶음 요리는 누가 오더라도 이길 자신이 있어요."

"그래? 그럼 잭슨을 상대해 보렴."

"네?"

"오, 요달이 오빠. 내가 저 꼬마랑 볶음 요리 대결을 해 볼까?"

"그래서 맛달이를 여기로 오라고 한 거야."

그때 마트의 책임자인 장 사장이 나타났다.

"오, 장 사장. 오늘 볶음 요리 이벤트를 하는 게 어때?"

장 사장은 매출에 도움이 될 것 같은지 흔쾌히 받아들였다.

"그거 좋지. 볶음 요리 이벤트는 분명히 사람들을 불러 모을 거야."

"그럼, 장소와 요리 도구를 준비해 주게."

요달 스승이 말했다.

요리에 숨은 화학 반응을 탐아라!

마트 직원들이 나타나서 물건들을 이리저리 밀고 당기자 요리 대결을 할 만한 공간이 생겼다. 장내 아나운서가 볶음 요리 이벤트가 열린다고 알리자 많은 사람이 몰려들었다. 맛달이는 이제 꼼짝없이 아줌마와 볶음 요리 대결을 하게 되었다.

"스승님, 물론 이 볶음 요리 대결에는 수학과 과학의 원리가 들어가야 하겠지요?"

"당연하지."

잭슨이 대답했다.

프라이팬 두 개가 불 위에서 달구어지고 있었다.

요달 스승이 말했다.

"볶음 요리는 불과의 전쟁이라 해도 지나친 말이 아니다. 강한 불에서 짧은 시간에 요리해야 맛이 살지. 그래서 볶음 요리는 강한 불을 잘 다루어야 하지. 조금이라도 더 강한 불을 이용하기 위해 프라이팬을 미리 달구어 두는 것이다. 그 때문에 위험한 요리이기도 해. 장 사장 준비됐나?"

"오케이!"

장 사장이 오케이를 하자 어디서 왔는지 마트 직원들이 소화기를 여러 대 들고 나타났다. 만약의 경우에 대비하기 위해서였다.

잭슨이 말했다.

"프라이팬을 달구는 또 다른 이유는 재료에 열이 잘 통하면 표면이 바로 단단해져 냄비 바닥에 들러붙지 않기 때문이죠."

그러자 맛달이도 지지 않고 말했다.

"볶음 요리의 장점은 성질이 다른 재료를 함께 볶음으로써 새로운 맛을 만들어 낼 수 있다는 것입니다."

요달 스승이 팔짱을 끼며 말했다.

"볶음 요리는 강한 불에서 0과 1 사이의 소수처럼 짧은 시간에 완성해야 맛이 살지."

요달 스승이 팔짱을 풀며 말을 이어갔다.

"또 하나 중요한 점은 수학이야. 볶음 요리는 재료들을 볶는 순서가 아주 중요해. 이것은 수학의 사칙연산에서 계산 순서가 틀리면 답이 틀리는 것과 같지."

맛달이가 말했다.

"음식 재료들의 볶는 순서와 수학의 사칙계산 순서!"

엄마 손을 잡고 마트에 온 꼬마가 말했다.

"엄마, 저 사람들이 빨리 대결하면 좋겠어요."

구경하는 사람들이 외쳤다.

"빨리해! 빨리해!"

장 사장이 마이크를 들고 말했다.

"일단 이번 대결은 두 사람 모두 볶음밥을 만드는 것으로 하겠습니다. 시식은 여러분이 해 주십시오."

요리에 숨은 화학 반응을 찾아라!

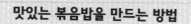
맛있는 볶음밥을 만드는 방법

❶ 우선 달걀을 볶는다.

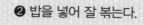

❷ 밥을 넣어 잘 볶는다.

소금·후추

간장

파

❸ 잘 섞은 뒤 채소를 넣고
마지막으로 간을 맞춘다.

목이 굵은 아저씨가 말했다.

"빨리하슈."

맛달이는 정신을 바짝 차렸다.

'볶음밥은 쌀 한 톨 한 톨이 서로 달라붙어서는 안 된다. 그러려면 볶을 때 순서를 틀리지 않도록 해야 한다. 볶음밥은 요리이면서 과학이자 수학이다.'

잭슨과 맛달이는 동시에 마트의 달걀 코너를 향해 달렸다. 요달 스승이 고개를 끄덕이며 말했다.

"맞다. 볶음밥을 만들 때는 먼저 달걀을 풀어 볶아야 한다. 달걀의 단백질은 열이 가해져 익을 때 기름과 수분을 잘 감싸 준다. 그래서 볶음밥 마지막에 달걀을 넣으면 볶은 채소와 밥에서 나온 수분을 엉뚱하게 달걀이 꽉 잡아 볶음밥을 망치게 되지. 볶음밥에 수분, 즉 물기는 적이다. 그래서 달걀은 처음에 볶아 단단하게 만들어야 해. 이렇게 해야 쓸데없는 물기를 빨아들이지 않게 되지."

달걀을 고르고 있는 동안 요달 스승이 마이크를 잡고 설명을 했다.

"괄호가 있는 식의 사칙계산에서 괄호 안을 가장 먼저 계산하는 이치와 같습니다."

잭슨과 맛달이는 달걀 코너에서 달걀을 가져 왔다.

장 사장이 웃으면서 말했다.

"내가 아까 달걀 코너에 상한 달걀을 숨겨 두었지요. 잭슨과 맛달

요리에 숨은 화학 반응을 탐아라!

괄호가 있는 식의 계산

- 괄호가 있는 식은 괄호 안을 먼저 계산한다.

$$6 - (7 - 4) \; (\times)$$

뺄 수 없다.

$$6 - (7 - 4) = 3 \; (\circ)$$

3

3

$$36 \div (5 + 4) \; (\times)$$

나누어 떨어지지
않는다.

$$36 \div (5 + 4) = 4 \; (\circ)$$

9

4

이는 어떻게 신선한 달걀을 찾았는지 말해 보세요."

잭슨이 말했다.

"소금물에 담가 보면 알 수 있지요. 오래된 달걀은 소금물에 넣으면 뜨거든요."

신선한 달걀과 오래된 달걀을 소금물에 넣어 구별하는 방법

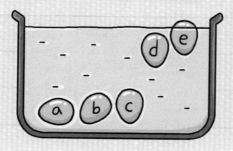

a. 산란 직후

b. 산란 1주일 후

c. 신선한 달걀

d. 오래된 달걀

e. 부패한 달걀

7. 야태 볶음밥 요리 대결

요달 스승이 말했다.

"맛달이가 알고 있는 방법은 뭐니? 달걀을 깨지 않고 말이다."

"네. 빛에 비춰 보는 방법이 있어요. 빛에 비췄을 때 투명하면 신선한 것이고, 검은 빛을 띠고 불투명하면 오래된 것입니다."

두 사람이 가져온 달걀은 소금물 속에 고스란히 가라앉았다. 모두 신선한 달걀을 가져온 것이다.

갑자기 장 사장이 달걀 세 개를 들고 왔다.

"달걀을 깼을 때 신선한 달걀과 오래된 달걀을 구별하는 방법을 알려 줄게요."

장 사장이 세 개의 달걀을 깨뜨려 보여 주었다.

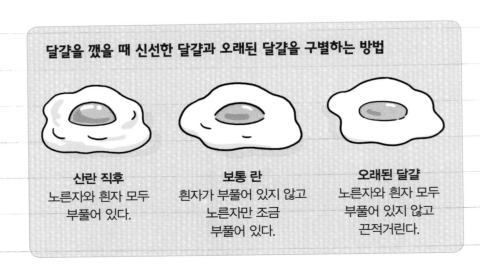

달걀을 깼을 때 신선한 달걀과 오래된 달걀을 구별하는 방법

산란 직후
노른자와 흰자 모두
부풀어 있다.

보통 란
흰자가 부풀어 있지 않고
노른자만 조금
부풀어 있다.

오래된 달걀
노른자와 흰자 모두
부풀어 있지 않고
끈적거린다.

요리에 숨은 화학 반응을 찾아라!

맛달이가 말했다.

"밥에 달걀을 비벼 먹을 때 알아 두면 좋겠네요."

달걀이 반쯤 익자 밥을 넣었다. 물론 그 과정을 잭슨과 맛달이 둘 다 알고 있었다. 달걀이 다 익은 상태에서 밥을 넣는 것은 좋지 않다. 밥이 고슬고슬한 상태를 유지하기 위해서 달걀이 반쯤 익었을 때 밥을 넣는 것이 맛있는 볶음밥을 만드는 비법이다.

"맛달아, 왜 채소를 먼저 넣지 않지?"

"네, 채소를 볶으면 물기가 나와서 그 물기를 밥이 빨아들이게 돼요. 그러면 밥이 고슬고슬하지 않고 눅눅해져서 맛있는 볶음밥이 되지 않습니다."

구경하던 아줌마들이 감탄하며 맛달이의 실력에 감탄했다.

잭슨은 밥과 달걀이 잘 섞이도록 냄비를 흔들었고 맛달이는 국자를 이용하여 잘 섞어 주었다. 둘 다 같은 효과지만 잭슨은 힘이 세기 때문에 냄비를 흔드는 기술을 쓴 것 같다. 밥이 잘 풀리기 시작하자 고기와 채소를 넣었다. 마지막으로 소금과 후추를 첨가하여 간을 맞췄다. 맛달이와 잭슨 둘 다 한 치의 빈틈도 없이 볶음밥을 완성해 냈다. 이번 대결로는 승부를 가늠할 수는 없을 것 같았다.

볶음밥 대결을 구경하던 한 학생이 소리쳤다.

"우와, 볶음밥을 만드는 순서 역시 사칙계산처럼 정해진 순서가 있네요."

131

요달 스승이 그 학생에게 다가가 머리를 쓰다듬고 학생의 엄마에게 말했다.

"이 아이 크면 수학을 참 잘하겠네요. 실생활 적용 수학 문제들이 점점 많이 출제되는 경향이라."

모든 엄마들이 그렇듯이 아이가 공부를 잘할 것 같다고 하니 그 엄마도 너무나 좋아했다. 장 사장의 마음도 흐뭇해졌다.

"맛달아. 이제 볶음밥의 순서처럼 수학 사칙계산의 순서에 대해 공부해 보자."

후다닥.

수학이라는 말이 나오자 볶음밥을 기대하며 구경하던 학생 대부분이 도망가 버렸다.

잭슨이 미소를 띠며 말했다.

"덧셈과 뺄셈이 섞여 있는 식의 계산은 다음과 같이 계산해야 맛이 살아난단다."

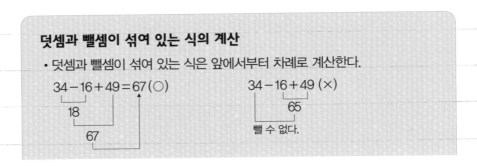

덧셈과 뺄셈이 섞여 있는 식의 계산

• 덧셈과 뺄셈이 섞여 있는 식은 앞에서부터 차례로 계산한다.

$34-16+49=67\,(\bigcirc)$
18
67

$34-16+49\,(\times)$
65
뺄 수 없다.

요리에 숨은 화학 반응을 찾아라!

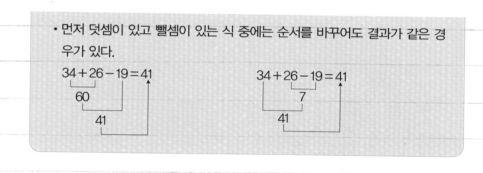

- 먼저 덧셈이 있고 뺄셈이 있는 식 중에는 순서를 바꾸어도 결과가 같은 경우가 있다.

$$34 + 26 - 19 = 41$$

$$34 + 26 - 19 = 41$$

잭슨은 정말 수학의 사칙 볶음밥을 잘하는 것 같았다. 이에 질세라 맛달이도 말했다.

"곱셈과 나눗셈이 섞여 있는 식의 계산은 다음과 같이 하면 돼요!"

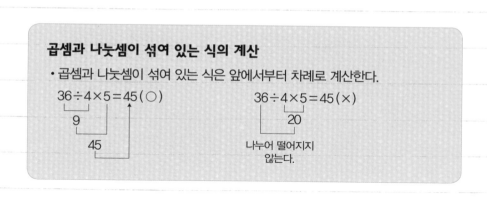

곱셈과 나눗셈이 섞여 있는 식의 계산

- 곱셈과 나눗셈이 섞여 있는 식은 앞에서부터 차례로 계산한다.

$$36 \div 4 \times 5 = 45 \, (\bigcirc)$$

$$36 \div 4 \times 5 = 45 \, (\times)$$

나누어 떨어지지 않는다.

요달 스승이 흐뭇하게 쳐다보며 말했다.

"두 사람 모두 잘했어. 볶음밥이든, 사칙계산이든 그 순서를 지키지 않으면 맛을 잃게 된다. 5년 전에 이 순서를 지키지 않고 만든

볶음밥을 먹은 적이 있었는데 정말 끔찍했지. 돈을 지불하기가 너무 아까웠어. 하하하."

두 사람이 만든 볶음밥을 그곳에 모인 사람들이 조금씩 나눠 시식했다. 정말 눈 깜짝할 사이에 음식이 바닥났다.

장 사장이 마이크를 잡았다.

"이번 볶음밥 대결은 무승부입니다. 자, 이번에는 우리 마트에서 준비한 특별 이벤트! 잭슨의 특별한 볶음 요리입니다. 다 만들고 나면 무료 시식이 있겠습니다."

사람들은 기대하며 침을 꿀꺽 삼켰다. 수학 때문에 달아났던 학생들이 어떤 볶음 요리가 나올지 기대하며 다시 모였다. 물론 도망간 친구들은 앞에 만들었던 볶음밥을 먹지 못했다. 수학 공부를 참고 이겨낸 몇몇 학생들만이 정말 맛있는 볶음밥을 먹을 수 있었다.

이때, 장 사장이 꾀를 내어 이번에는 음식보다 수학을 먼저 공부시키기로 했다.

"요리에 앞서 수학 공부를 잠시 하겠습니다. 이것 역시 사칙계산의 순서에 대한 이야기입니다."

아까 맛있는 음식을 먹을 기회를 놓친 학생들은 이번엔 어쩔 수

요리에 숨은 화학 반응을 탐구하라!

없이 수학 공부를 해야 했다.

"덧셈과 뺄셈, 곱셈이 섞여 있는 식의 계산은 다음과 같이 합니다."

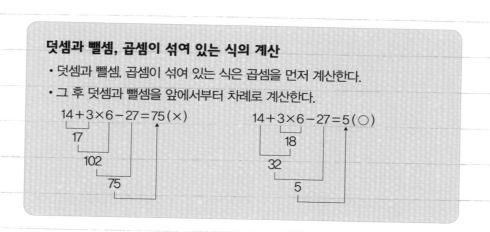

이 기회를 살려 요달 스승도 사칙계산에 대한 기술을 하나 보여
주었다.

"덧셈과 뺄셈과 나눗셈이 섞여 있는 요리는 나눗셈이라는 재료를
먼저 볶아야 하지. 잘 봐라."

덧셈과 뺄셈, 나눗셈이 섞여 있는 식의 계산
- 덧셈과 뺄셈, 나눗셈이 섞여 있는 식은 나눗셈을 먼저 계산한다.
- 덧셈과 뺄셈을 앞에서부터 차례로 계산한다.

135

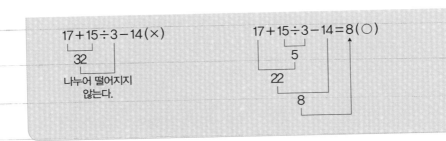

맛있는 요리가 나올 줄 알고 다시 모였는데 수학이 계속해서 나오자 아이들 표정이 말이 아니었다. 실망한 아이들을 보고 장 사장이 웃으며 말했다.

"자, 이제 특별 요리를 준비하도록 하겠습니다!"

실망했던 아이들의 표정이 금방 밝아졌다.

"야, 이번에는 도대체 어떤 볶음 요리일까?"

"나는 김치볶음밥도 맛있더라."

"고작 김치볶음밥? 아닐 거야. 분명히 뭔가 정말 맛있는 볶음밥이 나올 거야."

"뭘까?"

잭슨이 장 사장의 귀에 대고 말했다. 장 사장이 마이크를 잡고 발표하려고 하자 장내는 쥐 죽은 듯이 조용해졌다.

"잭슨이 만들 요리 이름은…… 파생강오징어볶음!"

아이들이 웅성거렸다.

요리에 숨은 화학 반응을 탐아라!

"으악, 나 파 싫은데!"

"파도 싫지만 생강은 더 싫어!"

"하지만 오징어는 좋아. 맛있는 오징어가 생강 때문에 맛없어지는 거 아냐?"

어디선가 은은한 향이 풍기기 시작했다. 벌써 잭슨이 요리를 시작한 것이다. 잭슨이 말했다.

"파와 생강같이 향이 강한 채소는 오랜 시간 볶아 향을 배출시켜 은은한 향으로 만드는 것이 기술이죠."

정말 그랬다. 처음에는 강한 향에 고개를 젓던 아이들이 점점 생강의 향에 끌리게 되었다. 오징어 껍질을 벗기면서 잭슨이 아이들을 보고 씩 웃었다.

"여기서 너희들에게 수학을 하나 보여 줄게. 오각뿔을 오징어라고 하고, 이 오징어 같은 오각뿔을 전개하면 어떤 모습일까?"

호기심이 많은 아이들은 마트의 마른오징어 코너에 가서 살펴봤다.

한 아이가 가져온 마른오징어를 보며 잭슨이 말했다.

"오, 아주 상상력이 풍부한 아이구나. 네 생각이 정확히

7. 야태 볶음밥 요리 대결

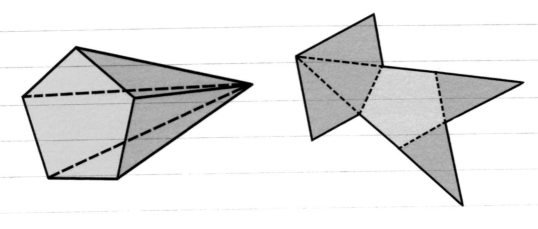

오각뿔과 전개도

맞는 것 같아."

　잭슨은 오징어의 껍질을 벗기듯이 오각뿔의 ★전개도를 보여주었다.

　아이들이 오각뿔 전개도와 마른오징어를 번갈아 보며 놀라움을 감추지 못했다.

　"우와, 완전 똑같아. 마른오징어가 바로 수학이네. 킥킥."

　아이들이 감탄하고 있는 동안 잭슨 아줌마는 오징어 볶음을 만들었다.

　"우와!"

★ **전개도**
원기둥, 원뿔, 오각뿔 등의 입체도형을 펼쳐 놓은 그림

요리에 숨은 화학 반응을 찾아라!

아이들이 모여들어 순식간에 잭슨의 오징어 볶음을 먹어 치웠다. 장 사장도 아주 기뻐했다. 볶음 요리 대결 이벤트가 마트의 매출에 많은 도움이 되었기 때문이다.

퀴즈 7

신선한 야채를 고르는 방법은?

8 발효 과학, 김치 요리 대회

드디어 세계 과학요리 대회 날.

여러 나라 사람들이 다 모였고 세계의 다양한 방송사들도 취재를 위해 한자리에 모였다. 맛달이도 이날을 위해 그동안 엄청난 노력을 해 오지 않았던가.

요달 스승이 맛달이에게 말했다.

"맛달아, 이번 세계 과학요리 대결의 주제는 김치인데 자신 있지?"

"네, 물론이죠. 자신 있어요."

"맛달아, 방심하면 안 돼. 김치는 더 이상 한국만의 음식이 아니다. 많은 외국인이 좋아할 뿐만 아니라, 일본에서도 자신들의 방식으로 만들어 먹고 있지."

요리에 숨은 화학 반응을 찾아라!

저쪽 편에 일본인 대표로 다나카 씨가 자리했다. 그는 일본식 김치로 한국의 김치를 무찌르겠다는 각오로 이번 대회에 참가하였다. 프랑스 요리사는 긴 모자를 쓰고 손에 빨간 고무장갑을 끼고 있었다. 중국인 참가자도 만만치 않았고 아랍인 요리사도 참가했다.

부우웅.

트럭 몇 대가 대회장으로 들어왔다. 배추다!

장내 아나운서가 마이크를 들고 말했다.

8. 발효 과학, 김치 요리 대회

"각 나라 대표 선수들은 첫 번째 관문으로 좋은 배추 고르기를 예선으로 치르겠습니다. 각자 좋은 배추 다섯 통을 골라 주세요. 제한 시간은 10분입니다!"

전 세계의 참가자들이 좋은 배추를 찾기 위해 배추 더미를 뒤지기 시작했다. 맛달이에게 좋은 배추 고르기는 누워서 배추 쌈 먹기보다 쉬웠다.

"배추는 중간 크기로, 들어 봤을 때 묵직하고 속이 꽉 찬 것이 좋다. 잎은 얇고 연한 녹색을 띠며, 줄기는 흰 부분을 눌렀을 때 단단한 것이 물기도 많고 싱싱하지."

맛달이의 손놀림은 빨랐다.

"겉잎에 검은 반점이 있는 것은 속까지 벌레 먹었을 확률이 높다."

그렇게 맛달이가 배추 다섯 통을 고르자 어느덧 시간은 끝이 났다. 어떤 참가자는 배추를 고르라고 했더니 양상추를 골라 탈락했고 또 다른 참가자는 깻잎을 골라 놓고 버티다가 퇴장당하기도 했다. 하지만 많은 참가자들이 배추를 잘 골라서 앞에 놓아두었다.

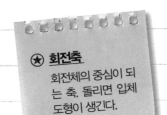

★ 회전축
회전체의 중심이 되는 축. 돌리면 입체 도형이 생긴다.

진행 요원들이 배추의 ★회전축을 중심으로 잘라 보았다. 수학적으로 말하면 회전축을 품으면서 잘랐다는 말이다.

요리에 숨은 화학 반응을 탐아라!

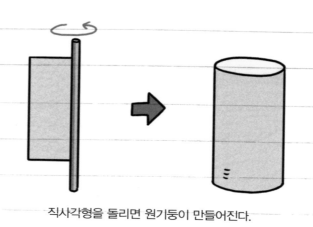

직사각형을 돌리면 원기둥이 만들어진다.

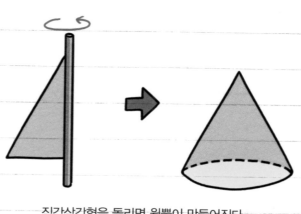

직각삼각형을 돌리면 원뿔이 만들어진다.

진행 요원들은 배추의 단면에 혀를 대 보며 맛을 확인했다. 단맛이 나며, 단면은 연하고 흰색을 띠는 배추가 좋은 배추다.

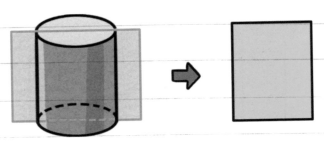

회전축을 품은 평면

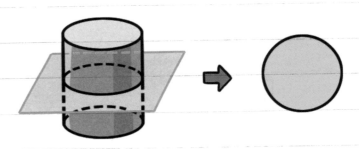

회전축에 수직인 평면

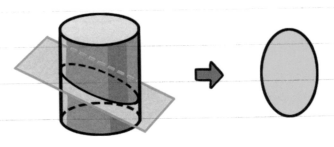

그 외의 방향

원기둥을 세 방향에서 잘랐을 때 나오는 단면의 모양

요리에 숨은 화학 반응을 찾아라!

맛달이는 이번 과제를 무사히 통과했다.

일본의 다나카 씨도 통과했다. 중국인 요리사도 이번 과제를 쉽게 통과했다. 진행 요원들이 남아 있는 참가자 모두에게 도마와 식칼을 나누어 주었다.

"이젠 뭘 하려는 걸까?"

그때 또다시 트럭이 부웅 하고 들어왔다. 트럭에서 무가 쏟아졌다.

"뭐야, 이제 무 고르기를 하는 거야?"

장내 아나운서가 마이크를 잡고 말했다.

"이제 무채를 만들 것입니다. 무채를 아주 과학적으로 썰어 주시면 됩니다. 역시 시간은 10분입니다."

"무채를 그냥 썰면 되지, 뭔 과학을 이용해서 썰라고."

"무슨 뚱딴지같은 소리야."

여기저기서 불만이 섞인 목소리가 터져 나왔지만, 맛달이는 무슨 뜻인지 알고 있었다.

"닥. 타다닥. 탁. 닥. 타다닥. 탁."

맛달이 무를 채 썰기 시작했다. 그렇게 10분이 흐르고 또다시 진행 요원들이 탈락자를 가려냈다.

탈락자 중 한 명이 끌려 나가며 소리쳤다.

"뭐야, 내가 얼마나 예쁘게 채 썰었는데 나를 탈락시키다니. 그 이유를 말해라! 이 대회는 공평하지 않아!"

장내 아나운서가 마이크를 잡았다.

"그분을 잠시 두세요. 제가 채썰기의 달인에게 마이크를 넘기겠습니다."

채썰기의 달인으로 불리는 '채병만'이 마이크를 넘겨받았다.

"저는 채썰기만 30년 넘게 해 온 채썰기의 달인입니다. 한번은 우리 아이가 학원에서 일찍 돌아오자, 말 없이 불을 끄고선 아이에게 숫자를 쓰게 하고 저는 채썰기를 했지요. 채썰기가 끝나고 불을 켜니 아이가 쓴 숫자는 비뚤비뚤 알아보기 힘들었지만 저의 채썰기는 아주 가지런했습니다. 그러자 아이는 무언가를 깨닫고 다시 수학학원으로 갔습니다."

아까 끌려 나가다 멈춘 사내가 소리쳤다.

"헛소리 그만하고 내가 탈락한 이유나 말하시오!"

채썰기의 달인 채병만이 그 이유를 설명했다.

"무채는 세로로 길게 썰면 섬유소가 남아 소화에 좋지 않습니다. 그래서 채썰기는 둥근 모양대로 토막을 내어 채 썰어야 과학요리라고 할 수 있어요. 당신은 예쁘게 썰기는 했지만 무의 특성을 살리지 못하고 세로

요리에 숨은 화학 반응을 찾아라!

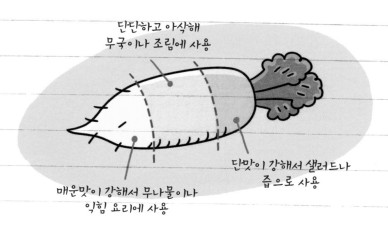

단단하고 아삭해
무국이나 조림에 사용

단맛이 강해서 샐러드나
즙으로 사용

매운맛이 강해서 무나물이나
익힘 요리에 사용

로 길게 채를 썰었더군요. 당신은 과학적이지 못 했어요."

그는 고개를 숙인 채 대회장 밖으로 나갔다.

다시 장내 아나운서가 마이크를 넘겨받아 채썰기의 달인 채병만에게 물었다.

"무의 앞쪽을 갈면 매운 무즙이 되는 이유는 무엇일까요?"

"네, 아주 좋은 질문을 하셨습니다. 무에 있는 매운맛은 '글루코시놀레이트'라는 물질입니다. 이것은 그대로 먹으면 별로 맵지 않습니다만, 무즙을 만들면 세포가 파괴되며 매운 성분이 만들어집니다. 무의 매운맛으로 변하는 글루코시놀레이트는 무의 밑 부분에 많이 있어서 앞쪽을 갈면 매운맛이 납니다."

장내 아나운서가 채썰기의 달인에게 잘 가라고 인사를 하는 동안

147

진행 요원은 대회장 한쪽을 비웠다. 이번에는 트럭 두 대가 들어왔다. 트럭 한 대에서는 굵은 소금을 내렸고 또 다른 트럭에서는 가늘고 고운 소금을 내렸다.

"자, 참가자 여러분, 배추를 절이기 위해 어떤 소금을 사용해야 할까요? 정답이라고 생각하는 소금 쪽으로 가 주세요."

많은 사람이 거칠고 굵은 소금을 선택했다. 일부 몇 사람은 가늘고 예쁜 소금이 좋다고 했다. 장내 아나운서가 말했다.

"가는 소금을 선택한 분은 아쉽지만 탈락입니다. 아쉽습니다. 왜 굵은 소금을 선택해야 하는지 과학적으로 답을 써 주세요."

정답을 맞힌 사람들에게 보드 마커와 작은 칠판이 주어졌다.

"정답을 들어 주세요!"

맛달이도 칠판에 답을 썼다.

요리에 숨은 화학 반응을 찾아라!

일본인 요리사와 중국인 요리사 역시 삼투압 작용이라고 답을 적었다.

장내 아나운서가 말했다.

"정답은, 삼투압 작용입니다! 이것을 설명하기 위해 과학자 한 분을 초대했습니다. 나오시지요."

아인슈타인 같은 외모를 한 과학자가 나왔다.

"삼투압 작용이란, 농도가 덜 진한 곳에서 더 진한 곳으로 물질이 이동하는 것입니다. 김장을 예로 들어 보겠습니다. 김치를 담글 때 배추에 소금을 뿌립니다. 한참 후 배추를 살펴보면 숨이 죽어 있습니다. 누가 나무란 것도 아닌데 말이죠. 자신만만하게 패기 있어 보이던 배추가 말입니다. 이는 농도가 낮은 배추 안의 물이 짠 쪽으로 이동했기 때문입니다. 배추 속의 농도와 배추 밖의 농도가 같아질 때까지 배추 속에서 물이 계속 빠져나올 겁니다. 그래서 배추가 그렇게 풀이 죽은 것이지요. 이런 현상이 바로 삼투압 작용입니다. 이 때문에 배추가 절여집니다. 배추 절이기는 과학입니다."

그렇게 해서 김치 요리 대결 1라운드가 끝이 났다. 2라운드를 하기 전에 잠시 휴식 시간이 주어졌다. 요달 스승이 나타나서 말했다.

"오우, 우리 맛달이 잘했어. 아주 훌륭하구나."

"감사합니다, 스승님."

요달 스승과 맛달이는 김치에 대해 이야기를 나누었다. 2라운드를 준비하기 위해서이기도 했다.

"김치는 ⭐발효 과학의 모든 것이다."

"발효 과학이요?"

"그래, 김치는 배추에 양념을 하여 숙성시킨 것이다. 그러면 원료의 맛과는 다른 특유의 맛과 향이 만들어지지."

"김치의 익음은 소금 농도, 배합하는 양념, 주변 온도, 공기와 만나는 시간 등에 따라 달라지고 그 맛도 달라지지요, 스승님."

"음, 그건 미생물의 번식과 활동이 달라지므로 이들의 역할로 발효 식품 전체의 맛과 품질이 달라진 것이지."

"예? 김치에 미생물이 있나요? 미생물은 몸에 안 좋은 것 아닌가요? 먹어도 되나요?"

"음, 이 부분을 집중적으로 공부해 보자. 김치를 담그는 순간부터 그 속에 뒤섞여 있는 잡균과 우리 몸에 좋은 유산균과의 전쟁이 시작된단다."

"잡균과 유산균의 전쟁?"

"그렇지. 잡균은 산소를 포함한 공기를 좋아하고, 유산균은 산소를 싫어하지. 갓 담근 김

⭐ 발효

효모나 세균 등의 미생물이 유기물을 분해시키는 작용. 대표적인 발효 식품으로는 김치, 된장, 간장이 있다.

요리에 숨은 화학 반응을 찾아라!

바글 바글

유산균
40~60억

치에는 산소가 많아서 잡균이 더 많아. 하지만 김치가 발효되면서 산소가 줄어들지. 이때 유산균은 점점 늘어나고 잡균은 달아난단 다. 그래서 발효된 김치는 유산균 덩어리로 변하게 되는 것이지."

숙성
식품 속의 단백질·지방·탄수화물 등이 효소·미생물·염류 등의 작용에 의하여 부패하지 않고 알맞게 분해되어 특유의 맛과 향기를 갖게 만드는 일.

"야호! 김치는 유산균의 승리네요!"

"그렇지. 처음 담은 김치에는 1㎖당 1만 마리 정도의 유산균이 있지만 김치가 숙성되면 6,000만 마리로 급격하게 늘어난단다."

"그럼 잡균들은 다 박살났겠네요!"

"그렇지, 숙성된 김치 한 젓가락만 먹어도 무려 40~60억 마리의 유산균을 먹게 되는 셈이야."

"우와, 김치는 과학이 확실합니다."

이때 장내 아나운서가 마이크에 대고 말했다.

"아아. 김치 과학요리 대결 2라운드를 곧 시작하겠습니다. 참가자 여러분과 관객 여러분은 다시 중앙으로 모여 주시기 바랍니다."

요달 스승이 관객석으로 가며 말했다.

"맛달아. 대한민국의 아들로서 김치 과학요리에서 꼭 우승하도록 해라. 파이팅!"

"네, 감사합니다. 스승님. 반드시 해내겠습니다."

"조심해!"

"예?"

"돌아서 가. 네 바로 앞에 개똥이 놓여 있네."

"으. 큰일 날 뻔했네요. 스승님 또 한 번 감사합니다."

맛달이는 그렇게 2라운드를 위해 중앙 무대로 갔다.

장내 아나운서가 마이크를 잡았다.

"1라운드는 김치 과학 대결이었다면 2라운드는 김치 수학 대결이 될 것입니다."

관중들이 웅성거리기 시작했다.

"뭐야, 김치랑 수학이 무슨 관계야?"

"혹시 시시하게 김치 포기 빨리 세기 뭐, 이런 건 아니겠지?"

"설마 세계 최고의 과학요리 대결에서 그런 시시한 수학이 나오 겠니?"

"아무튼 기대되는데."

관중석이 조용해지자 다시 마이크를 잡은 장내 아나운서가 말했다.

"참가자 여러분은 김치를 만들어야 합니다. 묵은지, 백김치, 깍두 기, 총각김치, 오이소박이 등등 김치의 종류는 매우 다양하니 뭘 만 들어도 상관없습니다. 재료는 여기 듬뿍 있으니까요. 그렇게 만든 김치로 수학을 가장 잘 표현한 사람이 우승입니다. 대결은 딱 한 번 으로 승부를 짓겠습니다."

"김치로 수학을 표현한다고?"

"말도 안 돼. 무슨 수로 김치로 수학을 표현해."

"아무튼 우리는 지켜보자고. 고민은 참가자들이 하는 것이니까. 재미있겠다."

격렬한 2라운드가 시작되었다.

중국인 요리사 왕 서방이 먼저 김치 요리를 완성하여 내보였다. 장내 아나운서가 말했다.

"왕 서방이 만들어 낸 김치는 전라도식 김치입니다. 과연 여기에는 어떤 수학이 숨어 있는지 왕 서방의 설명을 들어 봅시다."

"쎼쎼."

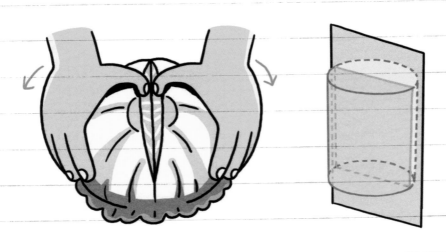

배추를 회전축을 품고 자르는 모습

요리에 숨은 화학 반응을 찾아라!

왕 서방은 설명하기 시작했다.

"일단 배추김치의 모습이 회전축을 품으면서 자른 회전체의 단면을 잘 나타내고 있어요."

왕 서방은 그 과정을 다시 보여 주기 위해 배추 한 포기를 들고 나왔다. 그러더니 칼로 뿌리 쪽에서 $\frac{1}{3}$ 정도 칼집을 내고 나머지는 손으로 쪼갰다. 회전축을 품으면서 단면을 만드는 것이 확실했다.

장내 아나운서가 말했다.

"그렇습니다. 왕 서방은 배추김치를 쪼개 입체도형을 평면으로 잘랐을 때 생기는 도형의 단면을 잘 보여 주었습니다. 물론 배추의 단면에는 양념이 잘 배어 있습니다. 참고로 **원기둥의 회전축을 품은 단면은 직사각형입니다.** 이 자리에 있는 초등학생들은 이 점을 명심해 주세요. 이 문제가 시험에 매우 잘 나온답니다. 수고했습니다. 왕 서방, 일단 자리로 돌아가 계세요."

다음으로 일본인 요리사가 동치미를 들고 나왔다. 다나카 씨는 동치미 무 하나를 꺼내 도마 위

에 올리더니 탁, 탁, 탁! 하며 칼질을 했다. 물론 과학요리의 특성을 살려 회전축에 수직이 되도록 썰었다. 그래야 맛이 사니까.

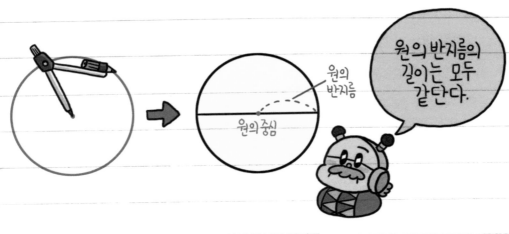

원의 중심과 반지름

★ **원**
한 점에서 일정한
거리에 있는 점들로
이루어진 곡선

다나카 씨가 잘 썬 토막을 앞으로 보이며 말했다.

"이것이 바로 수학의 원입니다. 비타민 C 가 풍부한 맛있는 ★원이지요. 세상에 이렇게 시원한 원의 맛이 또 있을까요?"

일본인 요리사 다나카는 말도 잘했다.

"수학자들은 컴퍼스로 원을 만들지만 요리사들은 동치미로 원을 만들 수 있지요."

여기서 끝이 아니었다. 다나카 씨는 미소를 지으며 원을 썰기 시작했다. 탁, 탁, 탁!

직사각형과 정사각형

• 직사각형: 네 각이 모두 직각인 사각형

• 정사각형: 네 각이 모두 직각이고, 네 변의 길이가 같은 사각형

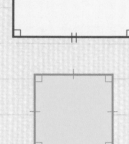

• 직사각형의 성질

　① 네 각이 모두 직각이다.

　② 마주 보는 변의 길이가 서로 같다.

　③ 마주 보는 두 쌍의 변이 서로 평행하다.

• 정사각형의 성질

　① 네 각이 모두 직각이다.

　② 네 변의 길이가 모두 같다.

　③ 마주 보는 두 쌍의 변이 서로 평행하다.

"아니, 저럴 수가!"

다나카 씨가 원을 칼질하여 사각형을 만들었다. 무로 만든 사각형이었다.

"대단하다! 무로 원을 만들고 다시 사각형을 만들어 내다니."

"아무래도 일본인 요리사가 우승할 것 같아. 저 무로 만든 사각형을 좀 봐."

장내 아나운서가 말했다.

"자, 이제 마지막 참가자 맛달이의 김치를 보도록 합시다."

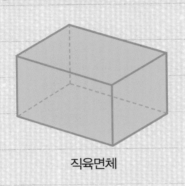
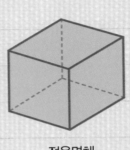
모여 있는 구경꾼들이 말했다.

"이미 결정난 것 같은데 더 볼 필요가 있을까?"

"그래도 한국인 꼬마의 작품을 보기나 하자."

맛달이가 자신이 만든 깍두기를 내보였다.

"음, 그래 깍두기는 정육면체를 나타낼 수 있는 입체도형이지."

"한국인 꼬마의 실력도 제법인데."

"오, 여섯 면에 칠해진 양념의 맛이 색다를 것 같아."

"이야, 한국인 요리사도 만만치 않아."

"그럼 뭐 해. 일본인 다나카 씨는 두 가지 수학의 맛을 선보였다고."

요리에 눞은 화학 반응을 탐아라!

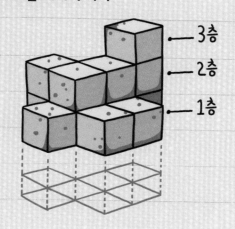

각 층에 쌓여 있는 쌓기나무의 개수를 세어 구하기

- 3층에 사용된 쌓기나무: 1개
- 2층에 사용된 쌓기나무: 4개
- 1층에 사용된 쌓기나무: 7개
  ⇨ 1+4+7=12(개)

1층에 쌓인 쌓기나무의 수는
바탕 그림의 칸 수와 같다.

장내 아나운서가 말했다.

"맛달이의 깍두기 요리는 여기서 끝이 아닙니다. 계속 보시지요."

"직육면체와 정육면체 말고 깍두기로 어떤 수학을 만들 수 있지?"

"한번 보자고."

맛달이가 깍두기를 잘 정리하여 보여 주었다.

"앗, 저것은 수학의……."

"우와, 대단하다. 양념이 잘 밴 정육면체 깍두기로 수학의 쌓기나
무를 표현하다니. 이건 생각의 폭발이라고!"

요달 스승이 달려와 맛달이를 번쩍 들어 올렸다. 맛달이가 깍두기

로 표현한 수학은 입체도형인 정육면체와 그 정육면체를 이용한 쌓기나무 기술이었다. 절묘한 수학이었다.

그렇게 맛달이는 강력한 후보인 다나카 씨를 제치고 과학요리 대회에서 일등을 차지했다.

퀴즈 8 ||||||||||||||||||||||||||||||||||||||||||||||||||||||||||||||||||||

김치의 영양가에 대하여 조사해 보자.

요리에 눕은 화학 반응을 탐아라!

과학요리 대회에서 우승을 차지한 맛달이. 더 다양한 과학요리의 세계를 찾아 프라이팬 하나를 둘러메고 세계 여행에 나섰다. 돈 없이 살아가기는 힘드니 맛달이는 현지에서 요리사로 활동하며 돈을 벌기로 마음먹었다. 비록 언어는 잘 구사하지 못해도 맛달이는 세계 모든 요리를 할 수 있다. 이것 하나로도 맛달이는 전 세계 사람들과 소통할 수 있으리라 생각했다.

"무조건 떠나고 보자. 생각이 많으면 행동으로 이루어지지 않아."

그렇게 맛달이는 프라이팬 하나를 배낭에 넣고 세계로 나아갔다.

맛달이의 첫 번째 출장지는 미국의 뉴욕이다. 비행기 안에서 맛달이는 출장 도구인 프라이팬의 종류에 대해 생각해 보았다.

프라이팬은 용도에 따라 볶음용 프라이팬과 사각 프라이팬, 튀김용 프라이팬으로 나뉜다. 볶음용 프라이팬은 바닥이 납작하고 열전도성이 높아야 한다. **열전도성은 열을 잘 전달하는 성질을 말한다.** 맛달이는 열전도성을 생각하다가 어느새 잠이 들었다. 잠을 깨 보니 첫 번째 행선지인 뉴욕에 도착해 있었다.

맛달이의 첫 번째 의뢰인은 뉴욕 증권거래소에 근무하는 다우존스 씨였다. 그가 의뢰한 음식은 뉴욕식 토스트. 뉴요커를 위한 아침 식사다.

"맛달 씨, 만나서 기쁘군요. 긴말이 필요 없지요. 빨리 만들어 주세요."

'뉴욕 증권가에서 일하는 사람이라 그런가……. 정말 바쁘구나.'

맛달이가 준비한 재료는 식빵 2장, 베이컨 1조각, 슬라이스 햄 1조각, 달걀 1개, 버터 조금이다. 맛달이는 빠른 속도로 토스트를 만

요리에 숨은 화학 반응을 찾아라!

들어 나갔다. 팬에 기름을 두르지 않고 식빵을 구웠다. 기름을 두르지 않고 굽는 것이 기술이다. 이제 베이컨이 뜨거운 맛을 볼 차례다. 역시 기름을 두르지 않았다.

"왜냐하면 베이컨에서 기름이 나오기 때문이지요."

"설명할 것 없어요. 맛으로 평가할 거니까요."

베이컨에서 기름이 배어 나오자 맛달이는 슬라이스 햄을 구웠다. 사사삭. 맛달이가 달걀을 깨뜨려 ★알끈을 제거했다. 그러고는 곱게 풀어 중불에서 도톰하게 구웠다. 맛달이는 마치 사칙연산의 순서를 따르듯이 빵 위에 햄을 올리고 달걀을 올린 후 베이컨을 올리고 빵으로 덮었다. 빵을 덮는 장면에서 사칙연산에서 괄호를 먼저 계산해야 한다는 것을 맛달이는 느낌으로 알 수 있었다.

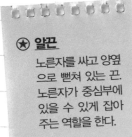

★ **알끈**
노른자를 싸고 양옆으로 뻗쳐 있는 끈. 노른자가 중심부에 있을 수 있게 잡아 주는 역할을 한다.

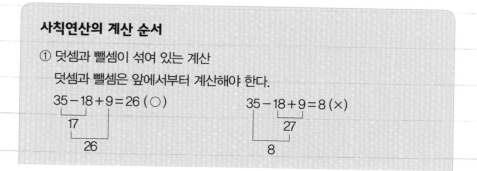

사칙연산의 계산 순서

① 덧셈과 뺄셈이 섞여 있는 계산
   덧셈과 뺄셈은 앞에서부터 계산해야 한다.

$$35 - 18 + 9 = 26 \, (\bigcirc) \qquad 35 - 18 + 9 = 8 \, (\times)$$

17
26
27
8

② 괄호가 있는 계산

괄호가 샌드위치 빵처럼 양쪽을 덮고 있는 괄호 문제는 괄호 안을 먼저 계산해야 한다.

$$90 \div (5 \times 6) = 3 \; (\bigcirc)$$

$$90 \div 5 \times 6 = 108 \; (\times)$$

즉 괄호 먼저, 그 다음 곱하기, 나누기. 그 둘 중에는 먼저 나오는 것을 계산한다. 그 다음으로는 더하기와 빼기 순으로 한다.

"오오오! 바삭거림이 살아 있다. 이런, 이런. 이렇게 감동적일 수가 있다니."

항상 바쁘게 생활하는 다우존스 씨의 입맛은 정말 까다로운 편이다. 더구나 이른 아침, 잠에서 덜 깬 그에게 최고의 토스트를 선보인 맛달이는 어깨가 으쓱해졌다.

"감사합니다."

"한 가지 부탁이 더 있네."

"네?"

"이렇게 순서에 맞게 만든 뉴욕식 토스트에 어울리는, 계산 순서가 있는 듯한 커피를 한 잔 추천해 주게."

계산 순서의 맛을 느낄 수 있으면서 뉴욕식 토스트에 어울리는 커

요리에 숨은 화학 반응을 찾아라!

피라……. 맛달이는 다우존스 씨가 내 준 숙제 때문에 잠시 고민에 빠졌다.

이때 번뜩, 하고 지나가는 생각. 맛달이가 말했다.

"★카푸치노입니다."

"카푸치노?"

"네, 카푸치노는 보통 우유 거품 위에 계핏가루를 뿌려 주는데, 계피를 뿌린 거품 위에 설탕을 뿌리고 잘 저어 줍니다. 그 다음 거품을 한 번 먹고, 커피를 한 번 마시는 식으로 순서에 맞게 먹는 것이 가장 맛있게 즐기는 방법입니다."

> ★ 카푸치노
> 우유를 섞은 커피에 계핏가루를 뿌린 이탈리아식 커피.

"역시 대단해. 카푸치노와 먹는 순서!"

다우존스 씨는 무척 만족했고 그렇게 맛달이의 첫 출장 요리가 무사히 끝났다.

맛달이의 두 번째 출장지는 멕시코였다. 멕시코는 북아메리카 남서단에 있는 나라로 마야, 톨텍, 아즈텍 등 여러 문명이 발생한 지역이다.

챙이 넓은 모자를 쓴 한 남자가 기타를 치며 다가왔다.

165

"맛달 요리사입니까?"

"네, 기타 솜씨가 뛰어나네요."

"네, 감사합니다. 당신의 음식 솜씨도 뛰어났으면 좋겠네요. 날 따라오세요."

맛달이는 기타 치는 남자를 따라갔다. 맛달이가 간 곳에는 한 중년 남성이 있었다.

"왜 이리 늦은 거야? 빨리 안주 만들어 줘요."

"당신이 테킬라 씨?"

"그렇소. 나는 안주가 필요하오."

요리에 숨은 화학 반응을 찾아라!

테킬라 씨의 목소리가 좀 누그러진 것 같았다. 테킬라는 멕시코의 전통술이다. 얼마나 술을 좋아했으면 이름까지 테킬라일까. 맛달이는 술주정을 듣기 전에 빨리 안주를 만들어 주고 이곳을 벗어나야겠다고 생각했다.

"잠깐."

맛달이는 흠칫 놀랐다. 혹시 요리를 하지 말고 가라는 것은 아닐까 걱정하며 테킬라 씨를 쳐다보았다. 테킬라 씨가 말했다.

"무슨 안주 만드실 거요?"

"아, 네, 네. 멕시칸 바비큐 립입니다."

"나 성질이 급하니 빨리 만들어 주시오. 맛있게 만들어야 하오."

맛달이가 재료를 준비했다. 폭립 1개, 튀김용 감자 250mg, 바비큐 소스 200g, 올리브유 약간.

"바비큐 립은 프라이팬 하나로
도 가능하죠."

맛달이가 말했다.

맛달이가 립을 자르
기 시작했는데 목적에
맞게 자르는 것은 수학으
로 보면 나누기에 해당한다. 덩어리
상태인 폭립을 하나씩 낱개로 자른다.

그 크기가 일정해야 하므로 맛달이는 수학의 나누기를 적용해야 한다고 생각했다.

"자연의 상태는 언제나 대칭을 이루고 있어요. 그래서 폭립 즉, 돼지 뼈는 일정하게 뼈를 중심으로 자르면 먹기 좋지요."

테킬라 씨도 초등 수학은 좀 안다고 했다. 나누어지는 폭립을 보고 테킬라 씨는 나눗셈의 검산을 그리기 시작했다. 맛달이 잠시 요리를 멈추고 테킬라 씨의 나눗셈이 검산되는 과정을 지켜봤다.

"12를 3으로 나누는구나."

"일단 나누어 떨어지는 것부터 해 보겠소. 아, 걱정하지 마시오. 이 정도 쯤은 문제없소. 술을 좀 마셨다고 얕보지 마시오."

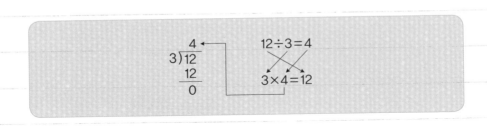

"검산은 나누는 수 곱하기 몫이 나누어지는 수를 했을 때 값이 딱 떨어지면 되죠."

"자네도 수학을 좀 하는군."

맛달이는 테킬라 씨가 자기를 인정하는 것 같아서 기분이 좋았다.

요리에 숨은 화학 반응을 찾아라!

"저는 나누어 떨어지지 않는 나눗셈의 검산에 대해 알아보겠습니다."

"오호라."

맛달이는 다음과 같이 썼다.

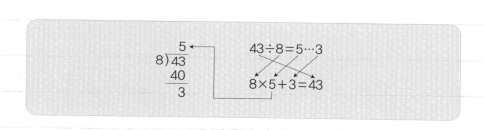

테킬라 씨는 맛달이가 폭립을 나누는 과정에서 한 번 놀랐고 나누어 떨어지지 않는 나눗셈의 검산 작업을 보고 또 한 번 놀랐다.

맛달이 다시 요리를 시작했다. 낱개로 나눈 폭립을 팬에 살짝 먼저 굽는 애벌구이를 했다. 고기 냄새가 났다. 이때 맛달이가 특제 바비큐 소스를 발라가며 약한 불에서 다시 구웠다. 이전 요리에서 쓰지 않았던 프라이팬 뚜껑을 빼어 들었다. 폭립을 잘 익히려면 조릴 때 꼭 뚜껑을 덮어야 한다.

잠시 후, 요리가 완성되고 테킬

라 씨가 맛보았다.

"우와, 진한 양념 맛이 일품이군요. 입안에서 바비큐 립이 뛰노는 것 같아요."

"맛이 있다니 다행이네요. 감사합니다."

맛달이가 세 번째로 방문한 곳은 이탈리아의 베네치아. '물의 도시'라 불리는 베네치아는 118개의 섬들이 약 400개의 다리로 이어져 있다. 섬과 섬 사이의 수로를 이곳의 명물인 작은 배, 곤돌라가 이동하고 있었다.

요리에 숨은 화학 반응을 찾아라!

베네치아에 도착한 맛달이는 셰익스피어의 소설 『베니스의 상인』을 떠올렸다. 왜냐하면 세 번째 요리를 의뢰한 사람이 상인이었기 때문이다.

"오, 맛달 요리사. 나에게 싸고 맛있는 피자 바게트를 만들어 주시오. 재료비는 아끼지 마시고, 그러나 가격은 무조건 싸게 해 주시오."

주문을 받은 맛달이는 재료를 준비했다. 바게트 $\frac{1}{4}$개, 모차렐라 치즈 4큰술, 다진 양파 $\frac{1}{8}$개, 버섯 1개, 통조림 옥수수 1큰술, 페퍼로니 햄 3장, 피망 $\frac{1}{4}$개, 블랙 올리브 2개, 올리브유 1작은술, 토마토소스 3큰술.

이탈리아 요리의 대명사인 피자를 간편하게 만들기로 한 맛달이가 드디어 프라이팬을 꺼냈다.

"만들어 볼까!"

회전축을 품고 자르기   회전축에 수직으로 자르기

맛달이가 바게트를 반으로 잘랐다. 마치 회전해서 만든 입체도형을 회전축을 품으면서 자르듯이 말이다. 맛달이 원기둥을 자르듯이 바게트를 잘랐다.

"오, 맛달 셰프. 나도 수학 시간에 배운 기억이 나요."

상인이 말했다.

'많은 사람이 수학을 좋아하지 않지만 그래도 수학은 기억을 되새기게 하는 효과도 있구나.' 하고 맛달이는 생각했다.

"그래요?"

"나도 초등학교 때까지는 수학을 잘했답니다."

맛달이가 바게트를 자르는 동안 상인은 원기둥, 원뿔, 구의 단면 모양을 비교하며 설명했다.

원기둥, 원뿔, 구의 단면 모양 비교

자른 방향 \ 입체도형	원기둥	원뿔	구
회전축을 품은 평면	■	▲	●
회전축에 수직인 평면	●	●	●
그 외의 방향	불규칙	불규칙	●

요리에 숨은 화학 반응을 찾아라!

　맛달이는 예전에 구이 요리 전문가 할머니에게 단면에 대해 너무나 무섭게 배워서 지금도 뚜렷하게 기억하고 있었다.

　"이제 다시 요리 시작할게요."

　맛달이는 바게트의 갈라진 단면에 토마토소스를 발랐다. 단면의 넓이를 잘 계산하여 빠짐없이 발랐다.

　"이제 모차렐라 치즈를 뿌릴 겁니다."

　모차렐라 치즈 역시 골고루 올렸다. 나머지 재료들을 토핑하고 달군 팬에 바게트 피자를 넣은 후, 뚜껑을 덮어 약한 불에 치즈가 녹을 때까지 구웠다.

　"우와, 감사합니다. 재료는 많이 넣고 가격은 저렴하게 해 달라기에 돈 받기는 어렵겠구나 했는데 보수가 두둑하네요."

"하하하, 맛있었기 때문입니다."

이번에는 맛달이가 프랑스로 갔다.
"우와, 신선한 달팽이다."
맛달이는 프랑스 시장에서 달팽이를 골랐다.
"오우, 젊은이! 우리 달팽이가 최고입니다. 사 가세요."
상인의 손에 섬뜩한 칼이 들려 있었다. 상인이 달팽이 한 마리를
칼날 위에 올려놓았다. 맛달이 깜짝 놀랐다. 엄청 날카로운 칼날 위
를 달팽이가 아무렇지 않게 기어갔기 때문이었다.
"우리 달팽이 아주 신선해요. 보세요."

요리에 숨은 화학 반응을 탐아라!

맛달이는 결국 달팽이를 샀다. 재료 준비를 마친 맛달이는 자신에게 요리를 의뢰한 프랑스인 에펠 씨에게 갔다.

"신선한 달팽이를 가져 왔나요?"

"네."

"그걸 어떻게 알 수 있죠?"

"달팽이 파는 상인이 칼날 위를 움직이는 달팽이를 주던데요. 아주 싱싱한가 봐요."

"맙소사, 세상의 모든 달팽이는 다 칼날 위를 기어 다닐 수 있어요."

에펠 씨는 달팽이가 칼날 위를 다닐 수 있는 과학적 이유를 설명해 주었다.

달팽이는 날카로운 칼날에서도 몸이 베이지 않고 안전하게 기어갈 수 있다. 세포마다 무게를 분산시켜 몸을 이동할 수 있기 때문이다. 또한 몸에서 점액질 성분이 나와 칼날이 배에 직접 닿지 않게 하고 마찰을 최소화하여 이동하기 때문에 굉장히 날카로운 물질 위에서도 유유히 잘 다닐 수 있는 것이다.

"아, 모든 달팽이가 다 칼날 위를 움직일 수 있구나."

"하하하, 너무 실망하지 마세요. 맛달 씨가 구입한 달팽이도 신선해 보이는군요."

"넵, 끝내주게 맛있는 요리를 만들어 드릴게요."

맛달이가 재료를 준비했다. 달팽이 6개, 바게트 $\frac{1}{4}$, 양파 $\frac{1}{4}$개,

와인 반 큰술. 그리고 소금, 후춧가루, 마늘, 파슬리, 아몬드, 버터 조금씩.

"마늘 버터부터 만들어 볼까나."

버터에 곱게 간 아몬드, 다진 마늘, 다진 파슬리, 소금, 후춧가루를 넣고 고루 섞었다. 맛있는 냄새가 풍겼다. 맛달이가 마늘 버터를 팬에 두르고 채 썬 양파를 갈색이 되도록 볶았다. 이제 주재료인 달팽이를 넣고 볶았다. 와인을 넣어 졸인 후, 소금과 후춧가루로 밑간을 하고 바게트 위에 마늘 버터에 볶은 달팽이를 두세 개씩 올렸다. 요리가 완성되고 에펠 씨가 달팽이 요리와 바게트를 한입 바싹 베어 물었다.

"세스티 디디슈!"

맛있다는 뜻의 프랑스 말을 연발하는 에펠 씨. 그 뜻을 알고 맛달

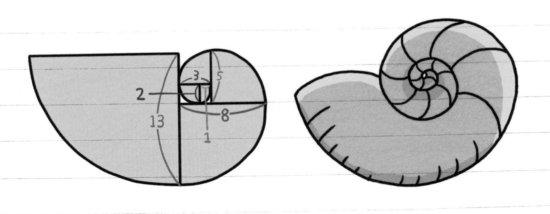

요리에 늪은 화학 반응을 찾아라!

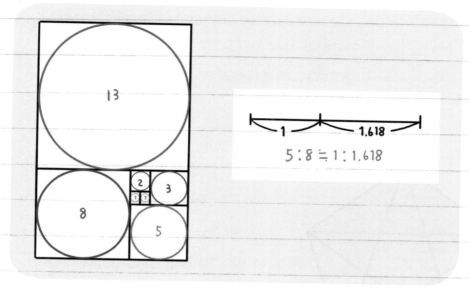

황금비율의 예

이는 달팽이 껍질에 숨어 있는 수학을 에펠 씨에게 가르쳐 주었다.

"소라 껍데기나 달팽이 껍질에는 황금비율이라는 수학이 숨어 있어요."

"황금비율?"

"네. 그리스의 수학자인 피타고라스는 만물의 근원을 수로 보고, 세상의 모든 일을 수와 관련 짓기를 좋아했어요. 그는 인간이 생각하는 가장 아름다운 비로 '황금비'를 말했습니다. 그래서 황금비가 들어 있는 정오각형 모양의 별을 피타고라스학파의 상징으로 삼았어요."

"정오각형의 황금비를 보여 주세요."

맛달이가 프라이팬 위에 케첩으로 황금비율에 맞게 정오각형을 그렸다.

프라이팬에 케첩으로 그린 정오각형치고는 잘 그렸다.

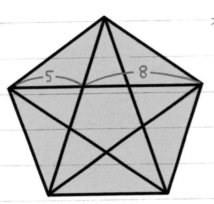

"오, 황금비율에 맞춘 정오각형이 매우 아름답습니다. 저는 케첩을 상당히 좋아합니다. 먹고 싶네요. 하하하."

"식욕을 돋게 하는 **황금비율은 선분의 길이 비가 약 1 대 1.618, 즉 5 대 8의 비율입니다.** 이 선분의 비가 가장 아름답게 느껴지는 비율이거든요."

에펠 씨가 갑자기 프라이팬에다 얼굴을 파묻었다.

"안 돼요, 에펠 씨. 그렇다고 프라이팬을 핥아 먹으면 어떡해요!"

이번은 맛달이의 마지막 목적지가 될 나라다.

맛달이가 도착한 나라는 일본. 동해를 사이에 두고 우리나라와 이웃한 곳으로 홋카이도, 혼슈, 시코쿠, 규슈 4개 큰 섬을 중심으로 크고 작은 섬으로 이루어진 나라다.

요리에 숨은 화학 반응을 찾아라!

일본에 도착한 맛달이는 온천을 하고 있었다. 그간의 피로가 확 가시는 듯 맛달이의 표정도 풀렸다. 하지만 맛달이는 일본에 온천을 하러 온 것이 아니었다. 그때 누군가 들어왔다.

"맛달 씨, 하루키 씨가 찾으십니다."

맛달이는 생각했다.

'이제 마지막 출장지인 일본. 하루키 씨를 만족시키면 나의 출장도 끝이 나는구나.'

맛달이 옷을 갈아입고 하루키 씨를 만나러 갔다. 하루키 씨는 일본 전통 의상을 입고 있었다. 일본인들은 보통 조곤조곤 말하는 습관이 있다. 하루키 씨 역시 맛달이에게 조용히 말했다.

"버섯 달걀말이를 만들어 주시오."

"네."

맛달이도 조용히 말했다.

준비물로는 달걀, 소금, 맛술, 물, 간장, 표고버섯, 대파, 블랙 올리브, 식용유를 마련했다.

일식집에서 먹는 달걀말이는 부드러우면서도 도톰하다. 아마도 그 비결이 궁금할 것이다. 맛달이가 그 비밀을 공개하려 한다.

첫 번째 비밀은 달걀물 만들기. 달걀을 잘 풀어 소금, 맛술, 물을 넣고 간장으로 간을 해 고운체로 거른다. 그렇다. 고운체로 거르는 것이 핵심이다.

하루키 씨가 말했다.

"이 장면, 수학의 에라토스테네스 체에서 본 적 있어요."

"맞아요."

"예전에 고추냉이를 강판에 갈아서 만드는 장면을 본 적이 있었는데 그 장면보다 이 장면이 더 에라토스테네스의 체에 가깝군요."

맛달이는 하루키 씨의 말이 옳다고 느꼈다. 자연수는 1과 소수, 그리고 합성수로 이루어져 있는데, 1은 소수도 합성수도 아닌 것으로 분류하고, 소수는 약수가 1과 그 자신으로 이루어진 수를 말한다.

여기서 말하는 소수는 작은 수로서의 소수가 아니라 기본 약수로

자연수를 부으면
1, 2, 3, 4, 5, 6, 7 …

1과
합성수가
걸리고

1, 4, 6 …

소수만
나온다.

2   3   5   7

요리에 숨은 화학 반응을 찾아라!

서의 소수이다. 작은 수 소수는 0.3, 0.6 같은 것이지만 기본수로서의 소수는 2, 3, 5, 7, 11 등과 같이 1과 자신의 수로만 나누어지는 수이다.

맛달이는 체로 거르는 과정을 여러 번 반복했다. 마치 모든 합성수를 걸러 낼 것처럼. 그리고 블랙 올리브, 표고버섯, 대파를 잘게 다져 달걀물에 넣고 섞었다.

달군 팬에 기름을 두르고 준비된 달걀물을 조금만 부어 고루 편 다음, 말아서 팬 한쪽 끝으로 밀어 두었다. 팬에 다시 달걀물을 붓고 먼저 만들어 놓은 달걀말이를 살짝 들어 그 밑으로 흘러 들어가도록 했다. 다시 돌돌 말아 두툼한 달걀말이를 완성했다. 이렇게 완성된 달걀말이는 도톰하고 속까지 제대로 익어 부드러웠다.

맛달이는 이전과는 달리 사각 프라이팬을 사용했다. 달걀말이에는 사각 프라이팬을 사용해야 한다.

부드럽고 폭신한 버섯 달걀말이가 완성되었다. 하루키 씨는 감탄을 하며 달걀말이를 먹었고 사례금을 두둑이 건네주었다. 맛달이는 자신의 실력을 인정해 준 하루키 씨가 너무 고마워서 사각 프라이팬을 기념품으로 주었다.

사각형이란?

네 개의 선분으로 둘러싸인 도형. 사각형의 꼭짓점과 변의 개수는 각각 4개
이다.

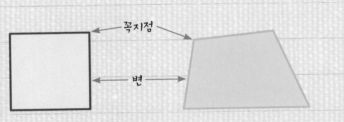

사각형의 높이를 구하는 법

평행한 두 변의 수직인 거리. 사각형 중에 평행한 두 변이 없는 사각형은 높
이가 없다.

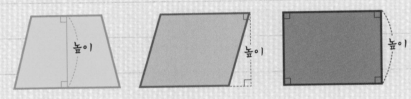

사각형의 종류

- 직사각형: 네 각이 모두 직각인 사각형
- 정사각형: 네 각이 모두 직각이고, 네 변의 길이가 같은 사각형
- 사다리꼴: 마주 보는 한 쌍의 변이 서로 평행인 사각형
- 평행사변형: 마주 보는 두 쌍의 변이 서로 평행인 사각형
- 마름모: 마주 보는 두 쌍의 변이 서로 평행하며, 네 변의 길이가 모두 같은
  사각형

요리에 숨은 화학 반응을 찾아라!

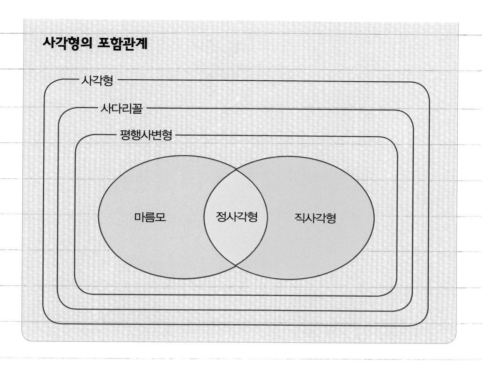

사각형의 포함관계

사각형
사다리꼴
평행사변형

마름모　　정사각형　　직사각형

오래되어 코팅이 벗겨진 프라이팬이 안 좋은 이유는?

⑩ 맛달이, 식당을 열다!

그 후 15년이 지나고 맛달이는 식당을 차렸다.

맛달이는 처음 차린 식당인 만큼 여러 종류의 음식을 손님에게 선보이고 싶었다. 먹는 맛은 물론 보는 재미도 있으면 좋겠다고 생각했다.

식당 이름은 '전면식당'.

수학에서 말하는 앞면, 옆면, '전면'이라는 뜻도 있지만 전 세계의 면 요리를 선보인다는 의미로 전면식당이라고 지었다. 콩국수, 잔치국수, 열무국수, 비빔국수⋯⋯. 이것은 전면식당 메뉴 가운데 국수 종류이다.

맛달이네 가게로 손님 네 명이 들어왔다. 나이 지긋한 어르신이다.

요리에 숨은 화학 반응을 찾아라!

"오, 이런 식당이 있었구나. 전 세계 면 요리를 다 판다는 거지?"

"네, 어르신."

"국수는 네 종류구먼. 우리가 각각 다른 종류의 국수를 시켜도 될까?"

"네, 물론입니다."

맛달이는 일행 중에 한 할아버지에게서 뭔지 모를 수학 고수의 분위기를 느꼈다. 마침 그 할아버지가 물었다.

"자네 이름이 뭔가?"

"맛달이라고 합니다."

"맛달 요리사, 이 네 종류의 국수를 원탁에 배열하는 경우의 수를 알고 있나?"

맛달이는 깜짝 놀랐다.

수학의 향기가 느껴지는 할아버지가 물었던 내용은 고등학교 수학에서 다루는 원순열의 개념이었기 때문이다. 하지만 용어만 고등학생용일 뿐, 이런 종류의 질문은 초등수학에서도 많이 다룬다.

동그란 원탁 위에 국수를 뱅 둘러놓는 경우의 수, 이름하여 원순열. **원순열은 서로 다른 n개를 원형으로 나열하는 것을 말한다.** 서로 다른 n개란 서로 다른 국수 종류로 보면 된다.

맛달이는 일단 세 그릇으로 원순열의 경우를 생각해 보기로 했다.

할아버지가 종지 3개를 들고 왔다.

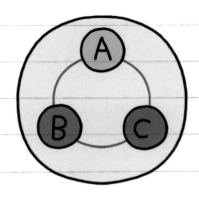

요리에 숨은 화학 반응을 찾아라!

"맛달 요리사 간장 종지, 고추장 종지, 소금 종지로 생각하는 것이 더 좋지 않겠나."

"와, 할아버지 대단해요. 혹시 『수학자가 들려주는 수학이야기』 저자 아니세요?"

"허허, 비밀이네."

할아버지는 종지들을 다음과 같이 배열했다.

"뭐가 느껴지나?"

"네, 양념입니다."

"이 녀석이! 노인을 상대로 농을 쳐!"

"죄송해요. 할아버지께서 배치한 종지들은 다 같은 모양이라서."

"오, 이제야 말이 통하는구나. 나랑 같이 온 일행도 알아듣기 쉽게 설명해 보시게."

맛달이는 원탁의 테이블을 돌려 보았다.

"이렇게 돌려 보면 할아버지가 배치한 세 가지 양념 종지들이 다 같은 경우입니다."

"그렇지, 일단 왼쪽으로 돌려 보면 간장, 고추장, 소금이 되지. 더 돌려도 간장, 고추장, 소금. 간장, 고추장, 소금. 다 똑같지. 기특하네."

"이런 식으로 생각하면 세 종류의 양념 종지로 구별되게 배열하는 방법은 두 가지뿐입니다."

"그렇지, 자네 똑똑하군. 종지 하나를 고정하면 되지. 그렇게 구별하면 돼."

"저는 간장이 마음에 들어 간장을 고정했습니다."

"경우를 나눌 때는 어떤 것을 선택해도 좋아. 자네 혹시 이것을 수식으로 규칙성 있게 보여 줄 수 있겠나?"

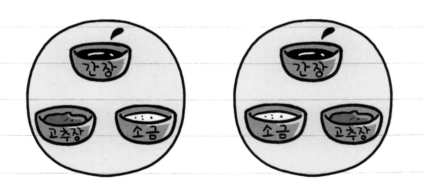

요리에 숨은 화학 반응을 찾아라!

"네, 어르신, 해 보겠습니다. 간장은 고정되어 있으니 빼고."

"그렇지 잘 아네. 경우의 수에서 고정되었다는 것은 취급을 안 해도 된다는 말이지. 참 중요한 생각이야."

"고추장, 소금에서 두 가지. 하나를 선택하고 남은 하나를 곱해서 $2 \times 1 = 2$이 됩니다."

"몇 가지 없을 때는 직접 세는 것이 빠르겠지만 가지 수가 많아지면 원리에 바탕을 둔 공식을 쓰는 것이 수학의 참맛이지."

"수학의 참맛?"

"자네도 수학을 많이 다루다 보면 알게 될 걸세. 그럼 국수 네 종류를 배열하는 가짓수를 공식으로 답해 보게."

"네, 일단 국물이 걸쭉한 콩국수를 고정하겠습니다."

"우리 중 누가 저 하얀 국물의 콩국수를 먹게 될까? 단백질이 풍부한 콩국수."

"그렇게 하고 나머지 세 종류의 국수, 그다음 두 종류, 그다음 한 종류. 이렇게 곱해 주면 배열하는 경우의 수가 나옵니다. $3 \times 2 \times 1 = 6$이죠."

"여섯 가지 맞아."

맛달이와 할아버지의 이야기가 길어지자 옆에 있는 할아버지들이 소리쳤다.

"영감들 뱃가죽이 등에 붙겠어. 얼른 국수 만들어 와!"

"아이구, 죄송합니다. 곧 만들어 갈게요."

어느 날 우락부락한 남성이 식당 문을 열고 들어왔다. 그는 한쪽 구석에 앉자마자 수저통에서 젓가락을 꺼내 식탁 위에 내려놓았다.

"짜장면 한 그릇 주시오."

"네, 곧 만들어 드릴게요."

"잠깐만."

"예? 뭐 더 주문하실 건가요? 물은 직접 떠 드시면 되고요."

"아니요. 부탁이 하나 있어요. 반드시 수타로 만들어 주시면 좋겠어요."

손님의 부탁을 들으니 예전에 요달 스승과 공화춘에서 우 사장을 만났던 일이 떠올랐다.

"네, 우리 집 짜장면은 수타로 만듭니다. 하하하."

짜장면이 나오고 젓가락으로 장을 제치니 김이 모락모락 올라왔다. 남성은 짜장면을 비비더니 순식간에 그릇을 비워 버렸다.

"흑흑흑."

짜장면 한 그릇을 뚝딱 비운 그가 갑자기 울기 시작했다.

놀란 맛달이가 손님에게 달려가 물었다.

"왜요, 짜장면이 맛이 없나요? 죄송해요. 맛이 없으면 돈을 내지 않으셔도 돼요."

요리에 녹은 화학 반응을 찾아라!

손님이 감동에 찬 눈으로 맛달이를 쳐다보았다.

"아닙니다. 이 맛, 내가 옛날에 좋아하던 바로 그 맛이에요. 너무 맛있습니다."

맛달이는 의외의 답을 듣고 놀랐다.

"그런데 왜 우시나요?"

"제가 뭐 하는 사람 같으세요?"

"그건 잘 모르겠는데, 몸이 아주 건장하시네요."

"그래요. 나는 종합 격투기 선수입니다."

맛달이는 그가 운동선수인지는 몰랐다. 그는 다짜고짜 자신의 사

10. 맛달이, 식당을 열다!

연을 말하기 시작했다. 그는 종합 격투기 선수로 늘 체중 조절을 해야 하는 고통을 겪었다. ★계체량을 통과하고 나면 중국 요릿집에서 짜장면 한 그릇을 꼭 먹었는데, 몇 년 전 부상으로 격투기를 은퇴하고서는 더 이상 짜장면을 먹지 않았다고 한다. 실의에 빠졌던 것이다. 그런 그가 뭔가를 결심하고 맛달이 가게를 찾아온 것이다. 울음을 그친 그가 말했다.

"이 정도 맛이라면 나도 배워서 꼭 성공하고 싶어요. 저를 제자로 받아 주세요."

주먹을 불끈 쥔 남성이 좀 무섭기도 하고 사연이 안타깝기도 해서 맛달이는 그의 부탁을 받아들이기로 했다.

"네……."

탕, 탕, 탕.

그가 밀가루를 주물러 면발을 만들기 위해 반죽 덩어리를 늘이기 시작했다. 힘이 좋아서 그런지 면 가락을 쭉쭉 잘 뽑았다. 어느새 그는 맛달이를 스승이라고 부르고 있었다.

"스승님, 스승님. 제가 오늘 스승님께 수학을 좀 가르쳐 드릴게요."

"네? 수학이라고요. 한번 보여 주세요."

"스승님. 이건 선분입니다."

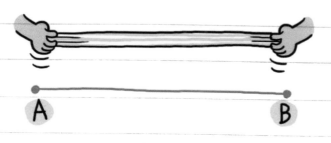

선분 AB = $\overline{AB}$

"이건 너무 쉽잖아요. 유치해요."

"이제 시작입니다. 우선 일차함수부터."

"뭐, $y = ax + b$ 꼴의 일차함수. 음, 약간의 기교가 필요하겠군요. 하지만 쉬워요. 발상은 뛰어나지만 별거 없잖아요. 단지 왼손을 좀 더

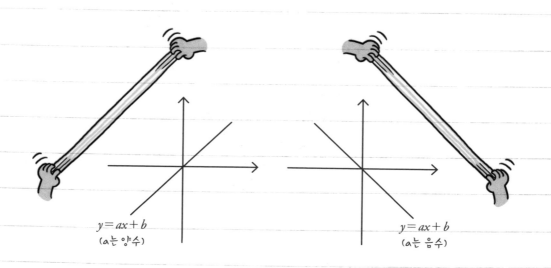

$y = ax + b$
(a는 양수)

$y = ax + b$
(a는 음수)

10. 만달이, 식당을 열다!

높이 들었을 뿐이네요."

"스승님, 이제부터 진짜입니다. 이름하여 이차함수 $y=x^2$"

맛달이는 이차함수를 수학적으로 나타내는 방법을 알고 있었기 때문에 머릿속으로 그려 보았다.

"제가 이차함수의 모양을 보여 주겠습니다."

"네, 초등학생들은 이차함수의 모양만 알아보면 충분하겠어요."

"스승님, 제가 이차함수의 양수와 음수를 동시에 보여 드리겠습니다."

"뭐, 그게 가능한가요? 헉! 졌다."

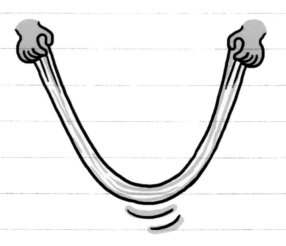

이차함수 모양으로
축 쳐진 면발

194

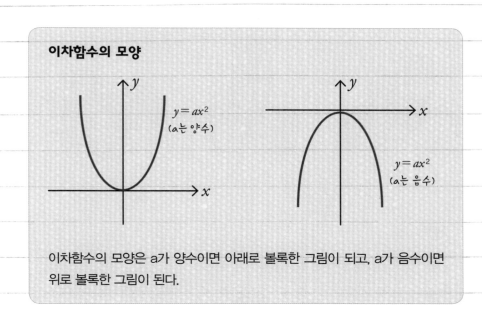

이차함수의 모양

$y = ax^2$
(a는 양수)

$y = ax^2$
(a는 음수)

이차함수의 모양은 a가 양수이면 아래로 볼록한 그림이 되고, a가 음수이면 위로 볼록한 그림이 된다.

제자는 면발을 길쭉하게 늘려서 줄넘기를 했다.

면발이 아래로 통과할 때는 양수, 위로 통과하면 음수.

"푸하하하, 그만하세요. 먹는 것으로 장난하는 건 아니지요. 하하하."

어느 날 맛달이의 가게 옆에 연탄 구이집이 생겼다. 작은 가게였지만 장사가 아주 잘됐다. 하루 장사가 끝나면 연탄이 마치 수학의 쌓기나무처럼 수북이 쌓여 있었다.

쌓기나무

쌓기나무를 위, 앞, 옆으로 쌓아 올려서 여러 가지 입체 모양을 만들 수 있다.

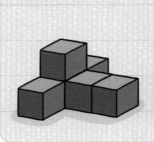 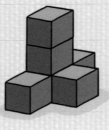 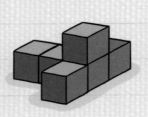

　　나이 지긋한 할머니가 장사하는데 많은 사람이 옛 정취를 느끼기 위해 이 가게를 찾았다. 맛달이는 생각했다.

　　'혹시나 그래서는 안 되겠지만 만약을 위해 준비해 두자.'

　　맛달이는 동치미 국수를 준비했다. 무를 잘 씻어서 하루 정도 소금에 절였다. 소금은 삼투압 작용으로 무에 잘 스며들 것이다.

요리에 숨은 화학 반응을 탐아라!

맛달이는 배를 큼직하게 썰고, 사과는 한입 크기로 썰어 놓았다. 쪽파와 마늘, 고추를 적당히 얇게 썰었다. 김치통에 물을 넣고 무, 고추, 배, 사과, 마늘을 담은 다음, 실온에서 5일 정도 묵히면 동치미가 된다.

5일 후, 발효된 동치미 국물을 보며 맛달이가 혼잣말을 했다.

"와우, 냄새가 상큼한데. 잘 익은 동치미 국물에 삶은 소면을 넣고 식초, 설탕, 겨자 등을 넣어 간을 하면 이제 동치미 국수가 되겠군. 우와, 이거 잘 팔리겠는데……."

맛달이는 가게 앞에 큼지막하게 '동치미 국수 팝니다.'라고 써 붙였다. 이제 손님이 줄을 이을 것으로 상상하니 가슴이 벅차올랐다. 하지만 그 후 일주일이 지나도록 동치미 국수를 찾는 손님은 한 명도 없었다. 맛달이는 고민에 빠졌다.

'추억의 음식으로 연탄 구이집은 잘 되는데 추억의 동치미 국수는 왜 안 되는 것일까? 일단 먹기만 하면 반할 텐데……. 난감하네.'

파리 한 마리가 식탁 위를 날아갔다.

"파리가 날린다는 말을 이때 쓰는 것이구나."

197

그때 손님 하나가 가게를 박차고 들어왔다.

"어서 오세요! 어, 어, 왜 그러세요?"

손님은 어쩐지 좀 이상했다. 술에 취한 것은 아닌데 이상하게 쓰러질 듯했다.

"괜찮으세요, 손님?"

"괜찮지 않아요. 어서 동치미 국수 한 그릇을 주시오."

맛달이는 뭔가 이상했지만 손님의 주문대로 동치미 국수를 만들기로 했다. 맛달이가 동치미 국수를 만들어 오자 손님은 식탁에 엎드려 있었다.

"여보세요! 여보세요! 정신 차리세요!"

흔들어 깨우자 잠깐 정신을 차린 손님이 동치미 국수를 벌컥벌컥 마셨다. 그렇게 5분이 흐른 후 손님은 완전히 정신이 들었는지 입을 열었다.

"감사합니다. 아무래도 옆 가게 연탄 구이집에 있다가 가스를 마신 것 같습니다."

"그렇다면 병원에 가셔야죠!"

"그 정도로 심각한 증상은 아니라서 동치미 국수를 먹어야겠다고 생각했습니다."

"동치미 국수가 도움이 되나요?"

그 손님은 평소 과학에 관심이 많았다고 한다. 연탄가스는 연탄

요리에 숨은 화학 반응을 찾아라!

의 ★불완전 연소에 의해 생기는 일산화탄소(CO)이며, 이 일산화탄소를 마셔서 마비되는 현상에 관해 설명했다.

"혈액이 체내의 탄산가스(CO_2)를 배출시키고 산소(O_2)를 흡수하는 원리를 알아야 해요."

그는 차분하게 설명을 해 나갔다.

"폐에 일산화탄소가 쌓이면 폐 속에서 화학 작용이 일어나 산소를 공급받을 수 없게 됩니다. 그러면 의식이 없어질 수 있습니다."

"그래서요?"

"이런 상태에서 차가운 동치미 국물을 먹으면 의식을 찾는 데 도움이 됩니다. 국물을 마시는 동안 의식이 깨어나고 일산화탄소가 없는 신선한 공기를 마시는 데에 도움이 되거든요. 의식이 깨어나 호흡이 빨라져 산소를 빠른 속도로 흡입하면서 상태가 호전되는 것이지요."

그의 설명에 맞달이는 일산화탄소를 마신 것처럼 알딸딸했다.

"손님, 동치미 국수는 돈을 내지 않으셔도 괜찮으니 다시 설명해 주실 수 있나요?"

"연탄가스의 일산화탄소는 산소와 결합하려는 성질이 있어요. 몸 속에 연탄가스가 들어가면 체내의 산소는 모두 연탄가스와 합쳐집

★ 불완전 연소
물질이 연소할 때 산소의 공급이 불충분하거나 온도가 낮으면 그을음이나 일산화탄소가 생성되면서 연료가 완전히 연소되지 못하는 현상.

요리에 숨은 화학 반응을 찾아라!

니다. 그래서 산소 부족 현상이 일어나게 되고요. 동치미는 산소를 많이 포함하고 있어서 연탄가스를 마셨을 때 동치미 국물을 마신답니다."

"아, 이제 이해가 됩니다."

그가 가고 며칠 후, 사람들이 어떻게 이 사실을 알았는지 '생명을 살리는 동치미 국수'라고 하면서 가게 앞에 줄을 섰다.

"여기, 동치미 국수 하나 주세요!"

퀴즈 10

이차함수의 모양을 활용한 것에 대하여 이야기해 보자.

에필로그

여기는 요달 스승의 과학요리 연구소.

"맛달아, 그동안 너도 많이 성장하였구나. 다양한 요리를 배우느라 수고 많았다. 이제 이 스승과 요리 대결을 한번 해 보자구나."

"제가 어떻게 스승님과 대결을……."

"그렇게 어렵게 생각하지 않아도 돼. 그냥 서로 재미있는 과학요리를 만들고 설명하며 즐거운 시간을 보내자는 거지."

"네, 스승님. 알겠습니다."

요리에 숨은 화학 반응을 찾아라!

"맛달아, 그럼 내가 먼저 과학요리를 시작하마. 나의 요리는 캐러멜 팝콘이다."

요달 스승은 팬에 버터와 소금을 넣고 녹였다. 녹은 버터에 옥수수를 넣고 섞어 주었다.

"팝콘에 사용되는 옥수수는 보통 옥수수와는 조금 다르단다. 팝콘용 옥수수가 따로 있지."

요달 스승은 흑설탕과 올리고당, 물을 넣고 약한 불에서 녹여 캐러멜 소스를 만들었다. 완성된 소스에 팝콘을 넣고 버무렸다.

"이 녀석들이 장난을 치기 전에 팬 뚜껑을 달아 주어야겠다."

잠시 후, 옥수수들이 톡톡 튀기 시작했다. 팝콘 하나가 팬 뚜껑을 열고 나오자 요달 스승이 말했다.

"다 됐다. 먹어 보렴."

"와, 맛있어요."

"인디언들 사이에 전해 내려오는 팝콘에 대한 재미난 이야기가 있어."

"인디언의 전설?"

"옛날에 인디언들이 팝콘 튀기는 것을 보고 옥수수 알 속에 갇혀 있던 악마가 열을 받아 퍽

소리를 내며 튀어나온다고 믿었대."

"그럼 제가 지금 먹고 있는 게 악마인가요?"

"인디언들이 보면 그렇지. 하하하. 그럼 그 악마의 정체는 과연 뭘까? 여기서부터는 과학이지."

"악마의 정체?"

"그래, 바로 그 악마의 정체는 수분, 즉 옥수수 속의 물이란다. 옥수수의 성분은 탄수화물, 단백질, 지방, 수분이거든. 옥수수 알 속에는 보통 14%의 수분, 즉 물이 들이 있단다."

"14%는 $\frac{14}{100}$ 입니다."

"옥수수 알을 205℃까지 가열하면 두꺼운 껍질 속에 갇혀 있던 수분이 수증기로 바뀌어 터지면서 팝콘이 돼. 옥수수 알이 팝콘이 되면서 부피가 35~40배로 늘어나지."

"부피는 물질이 차지하는 공간!"

"그렇지. 물질의 상태 변화라고 볼 수 있어. ⊛닮음비에 대해 잠시 공부해 보자."

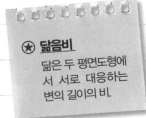

⊛ **닮음비**
닮은 두 평면도형에서 서로 대응하는 변의 길이의 비.

"닮음비?"

"그래. 만약 어떤 두 물체의 길이의 비가 2:3 이라고 한다면 그 물체의 넓이의 비는?"

"네, 2×2:3×3으로 길이의 비를 두 번 똑같이 곱해서 4:9로 나타냅니다."

요리에 숨은 화학 반응을 찾아라!

"그렇지. 그것을 간단히 쓰면 $2^2:3^2$으로 표현하기도 하지. **2나 3 위에 조그맣게 쓴 2는 지수라고 하며, 그 횟수만큼 밑에 있는 수를 똑같이 곱하라는 뜻이지.** 그렇게 어렵게 생각하지 않아도 돼. 그럼 이 상태에서 부피의 비를 말해 보겠나?"

"예, 스승님. 부피의 비는 $2 \times 2 \times 2 : 3 \times 3 \times 3$으로 $8:27$이 됩니다."

"잘했다. $2 \times 2 \times 2 : 3 \times 3 \times 3$을 간단히 표현하면 $2^3:3^3$으로 쓸 수 있지. 역시 지수라는 녀석을 사용해서 나타낸 것이다."

"그렇네요. 지수라는 친구는 긴 것을 간단하게 나타낼 수 있는 힘을 지녔습니다."

"그렇다. 수학은 언제나 간단한 것을 좋아하지."

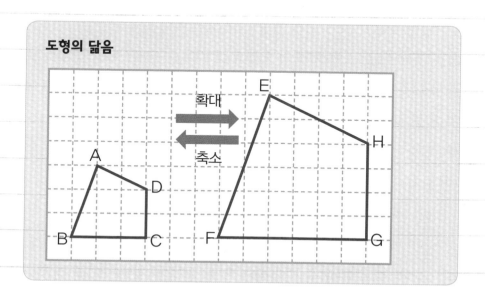

도형의 닮음

확대
축소

요달 스승이 말했다.

"맛달아. 이제는 네가 이 스승을 위해 요리를 해다오."

"저는 스승님을 위해 달걀의 수학과 과학을 보여 드리겠습니다. 일단 달걀말이부터."

"뭐, 달걀의 수학과 과학이라? 그거 재미나겠는데."

맛달이는 달걀을 흔들이 봤다.

"그렇지. 달걀을 흔들었을 때 노른자가 흔들리면 상했다고 볼 수 있지. 요리사라면 미세하게 흔들리는 감도 잘 느낄 줄 알아야지. 맛달이가 많이 성장했구나."

맛달이가 달걀 여러 개를 원형 그릇에 깨트려 담았다. 달걀들이 옆으로 퍼지지 않고 서로 옹기종기 부풀어 있는 것을 보니 싱싱한 달걀이 맞다. 달걀의 알끈을 제거한 후 곱게 풀었다. 체에 한 번 거르자 훨씬 부드럽게 변했고 알끈도 완전히 없어졌다. 그리고 우유, 설탕, 맛술을 넣어서 체에 내린 후에 소금과 흰 후춧가루를 넣고 잘 섞었다.

프라이팬에 기름을 두르고 골고루 달구었다. 달걀물을 $\frac{1}{3}$ 정도 붓고 아랫면이 익으면 돌돌 말았다. 남은 달걀물 $\frac{1}{3}$ 을 붓고 같은 방법으로 두 번 반복했다. 맛달이가 돌돌 잘 말린 달걀말이를 일정하

요리에 숨은 화학 반응을 찾아라!

게 분수 나누듯이 잘라 냈다.

"스승님, 완성되었습니다. 맛보시지요."

"음, 맛있구나. 근데 여기 무슨 수학과 과학이 있느냐."

요달 스승의 말에 맛달이가 달걀 한 판을 가지고 와서 바닥에 놓는다. 그러더니 양손에 아령을 들고 달걀 위에 올라서는 게 아닌가. 맛달이가 달걀을 가지고 차력을 하는 것이다.

아령을 들고 달걀 한 판 위에 올라선 맛달이.

맛달이가 아령으로 팔 운동을 열 번 하더니 달걀에서 내려왔다.

"스승님, 달걀이 깨졌는지 살펴봐 주십시오."

달걀을 다 살핀 요달 스승이 말했다.

"모든 달걀이 다 멀쩡하구나."

"그렇습니다, 스승님. 여기에 수학과 과학이 숨어 있습니다. 달걀이 튼튼해서 저와 아령의 무게를 견디었다기보다는 달걀의 모양에 압력을 분산시키는 과학이 숨어 있었던 것입니다. 달걀의 타원형은

바깥의 충격을 줄여 주고 공처럼 잘 굴러가지 않는 안전하게 만들어진 자연의 과학입니다."

요달 스승이 머리를 끄덕이며 맛달이의 말을 이어갔다.

"그렇지. 하천이나 도로 위로 상하수도를 받치기 위해 만든 수도교가 그런 원리를 활용한 경우지. 맛달이가 대단하구나. 이번 너와 나의 대결은 무승부가 맞겠구나."

"감사합니다, 스승님. 저는

요리에 숨은 화학 반응을 찾아라!

지금까지 공부한 것에 멈추지 않고 앞으로도 수학과 과학 요리를 열심히 수련하겠습니다."

요달 스승과 맛달이는 웃으며 또 다른 과학요리에 도전하기로 했다.

과학요리 퀴즈 정답

퀴즈 1

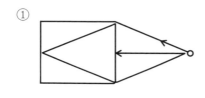 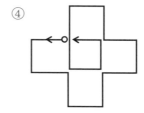

첫 번째 그림과 네 번째 그림은 한붓그리기가 가능하다.

홀수점이 두 개인 도형은 한 홀수점에서 출발해야만 한붓그리기가 가능하고 다른 홀수점에서 끝이 난다. 홀수점이 없는 도형은 어느 점에서 출발하여도 한붓그리기가 가능하다.

퀴즈 2

소금쟁이. 물 위에 떠 있는 소금쟁이의 다리를 보면 표면장력 때문에 수면이 휘어서 물이 오목하게 들어가 있는 것을 볼 수 있다. 무거운 물체라 하더라도 물에 뜰 수 있는데, 넓게 펴서 물에 닿는 면적을 크게 만들어 주면 물 위에 뜬다.

퀴즈 3

기름기가 쫙 빠져서 더욱 담백한 맛이 난다. 연탄불에 구우면 단백질과 기름이 연소되면서 나는 냄새가 식욕을 자극하게 된다.

퀴즈 4

밥을 꼭꼭 씹어 먹어야 하는 이유는 입속에 있는 음식의 겉넓이를 최대로 넓히기 위해서다. 그러면 소화 효소인 침이 더 많이 발리기 때문이다.

퀴즈 5

지질학자들은 지구의 나이를 약 46억 년으로 본다. 지구의 나이는 지층과 화석을 보면 알 수 있다고 한다. 그 속에 과거의 흔적이 남아 있기 때문이다.

퀴즈 6

발효식품은 하나 또는 둘 이상의 미생물에 의해 만들어진다. 그래서 미생물의 종류, 식품의 재료에 따라 각기 독특한 특징과 풍미를 지닌다. 재료의 성분들이 미생물의 작용으로 분해되고 합성되면서 영양가가 향상되고 저장성이 높아진다. 주류, 빵류, 식초, 콩 발효식품(간장, 된장, 고추장 등), 발효 유제품(치즈, 버터, 요구르트 등), 소금 절임류(김치, 젓갈 등)가 모두 발효식품으로 오래 전부터 애용되어 왔다.

퀴즈 7

파는 광택이 있고 부드러우며 굵기가 일정한 것이 좋다. 뿌리 부분이 짙은 흰색이고 푸른 부분이 상하지 않은 것이 신선하다. 감자는 푸른색을 띠지 않으며, 단단하고 무겁고 흠이 없는 것이 좋다. 당근은 색이 선명한 것이 좋으므로 짙은 색을 고르는 것이 좋다. 상추는 잎에 힘이 있어야 신선하다.

퀴즈 8

김치의 주재료인 배추, 무, 고추, 파, 마늘 등에는 많은 양의 다양한 비타민이 함유되어 있다. 따라서 우리가 먹는 김치에는 각종 비타민과 무기질 등이 풍부하게 들어 있다. 이뿐만 아니라, 김치를 통해 유산균을 섭취할 수 있다.

퀴즈 9

프라이팬은 그 가격이 얼마든 시간이 지나면 코팅이 벗겨지기 마련이다. 코팅이 벗겨지면 코팅 성분이나 코팅이 감싸고 있던 프라이팬의 금속 성분이 음식에 섞일 수 있다. 그래서 코팅이 벗겨질 기미가 보이기 전에 새것으로 바꾸는 게 좋다.

퀴즈 10

이차함수의 모양을 활용한 예시로는 현수교가 있다.

목걸이를 목에 걸었을 때 처지는 모양도 이차함수의 곡선을 나타낸다. 그리고 거미줄 사이사이에 이어져 있는 줄도 이차함수 모양을 이루고 있다. 이는 달라붙는 먹이나 이슬을 가장 안정적으로 버텨 낼 수 있는 모양이기 때문이다.

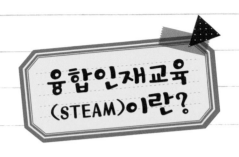

융합인재교육
(STEAM)이란?

수학·과학 교육의 새로운 패러다임

"지구는 둥근 모양이야!"라고 말한다면 배운 것을 잘 이야기할 수 있는 학생입니다.

"지구가 둥글다는 것을 어떻게 알게 되었나요?"라고 질문한다면, 그리고 그 답을 스스로 생각해 보고 궁금증에 대한 흥미를 느낀다면 생활 주변에서 배우고 성장할 수 있는 학생입니다.

미래 사회는 감성과 창의성으로 학문의 경계를 넘나드는 융합형 인재를 필요로 합니다. 단순히 지식을 주입하는 데 그치지 않고 '왜?'라고 스스로 묻고 찾아볼 수 있어야 합니다.

미국, 영국, 일본, 핀란드를 비롯해 여러 선진국에서 수학과 과학

요리에 숨은 화학 반응을 찾아라!

의 융합 교육에 힘쓰고 있습니다. 우리나라에서도 창의 융합형 과학기술 인재 양성을 위해 교육부에서 융합인재교육(STEAM) 정책을 추진하고 있습니다.

융합인재교육은 과학(Science), 기술(Technology), 공학(Engineering), 예술(Arts), 수학(Mathematics)을 실생활에서 자연스럽게 융합하도록 가르칩니다.

〈수학으로 통하는 과학〉 시리즈는 융합인재교육 정책에 맞춰, 학생들이 수학과 과학에 대해 흥미를 갖고 능동적으로 참여하며 스스로 문제를 정의하고 해결할 수 있도록 도와주고 있습니다.

스스로 깨치는 교육! 수학과 과학에 대한 흥미와 이해를 높여 예술 등 타 분야와 연계하고, 이를 실생활에서 직접 활용할 수 있도록 하는 것이 진정으로 살아 있는 교육일 것입니다.

11 수학으로 통하는 과학

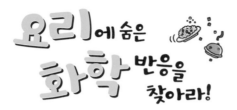

요리에 숨은 화학 반응을 찾아라!

ⓒ 글 김승태, 2018
ⓒ 그림 유영근, 2018

초판 1쇄 발행일 2018년 6월 29일
초판 3쇄 발행일 2022년 3월 21일

지은이 김승태
그린이 유영근
펴낸이 정은영

펴낸곳 ㈜자음과모음
출판등록 2001년 11월 28일 제2001-000259호
주소 10881 경기도 파주시 회동길 325-20
전화 편집부 (02)324-2347, 경영지원부 (02)325-6047
팩스 편집부 (02)324-2348, 경영지원부 (02)2648-1311
이메일 jamoteen@jamobook.com
블로그 blog.naver.com/jamogenius

ISBN 978-89-544-3879-7(44400)
         978-89-544-2826-2(set)

이 도서의 국립중앙도서관 출판시도서목록(CIP)은 서지정보유통지원시스템
홈페이지(http://seoji.nl.go.kr)와 국가자료공동목록시스템(http://www.nl.go.kr/kolisnet)에서
이용하실 수 있습니다.(CIP제어번호: CIP2018015197)